疾風とそよ風

風の感じ方と思い描き方の歴史

アラン・コルバン

綾部麻美 訳

藤原書店

Alain CORBIN
LA RAFALE ET LE ZÉPHYR
Histoire des manières d'éprouver et de rêver le vent

This book is published in Japan by arrangement
with LIBRAIRIE ARTHÈME FAYARD,
through le Bureau des Copyrights Français, Tokyo.

図１　ジルベール・バザール《セリ》（版画，2002）

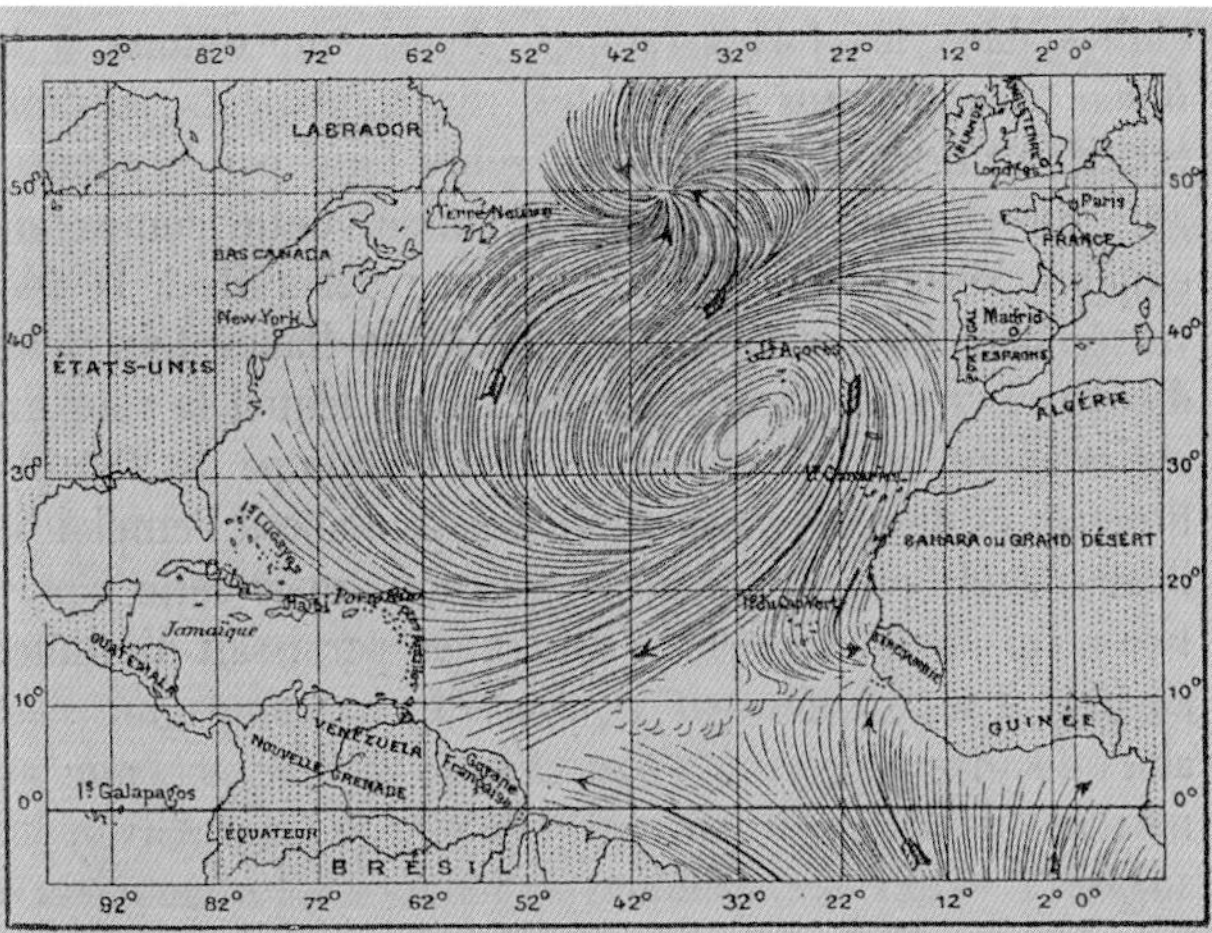

Type 3, fig. 1. — Mouvement le plus général des vents pendant la saison d'été, lorsqu'une bourrasque traverse la partie septentrionale de l'Atlantique.

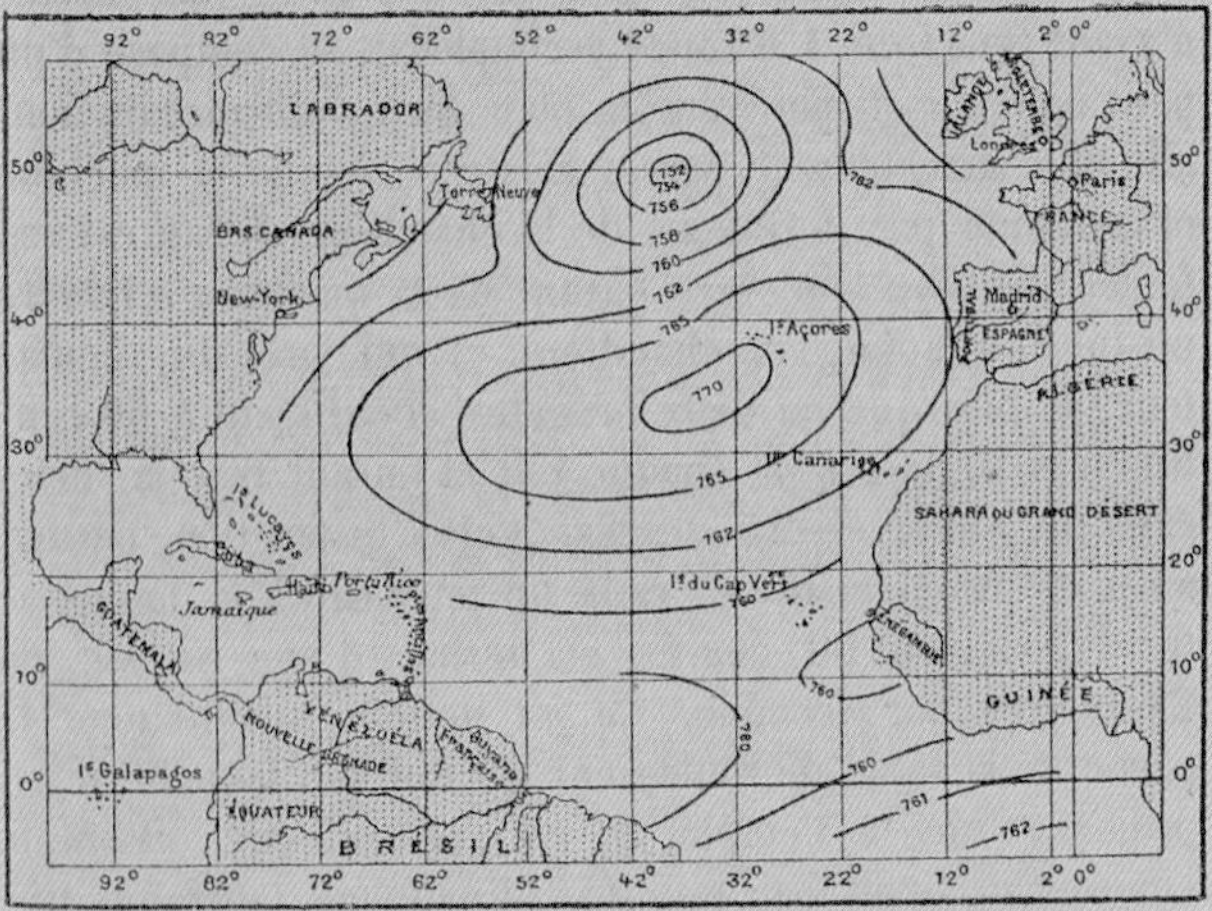

Type 3, fig. 2. — Carte des isobares correspondant au mouvement général des vents, indiqué par la carte ci-dessus.

図 2　レオン・ブロー　夏の風況図，北大西洋
（1885，海図保管庫）（本文26頁参照）

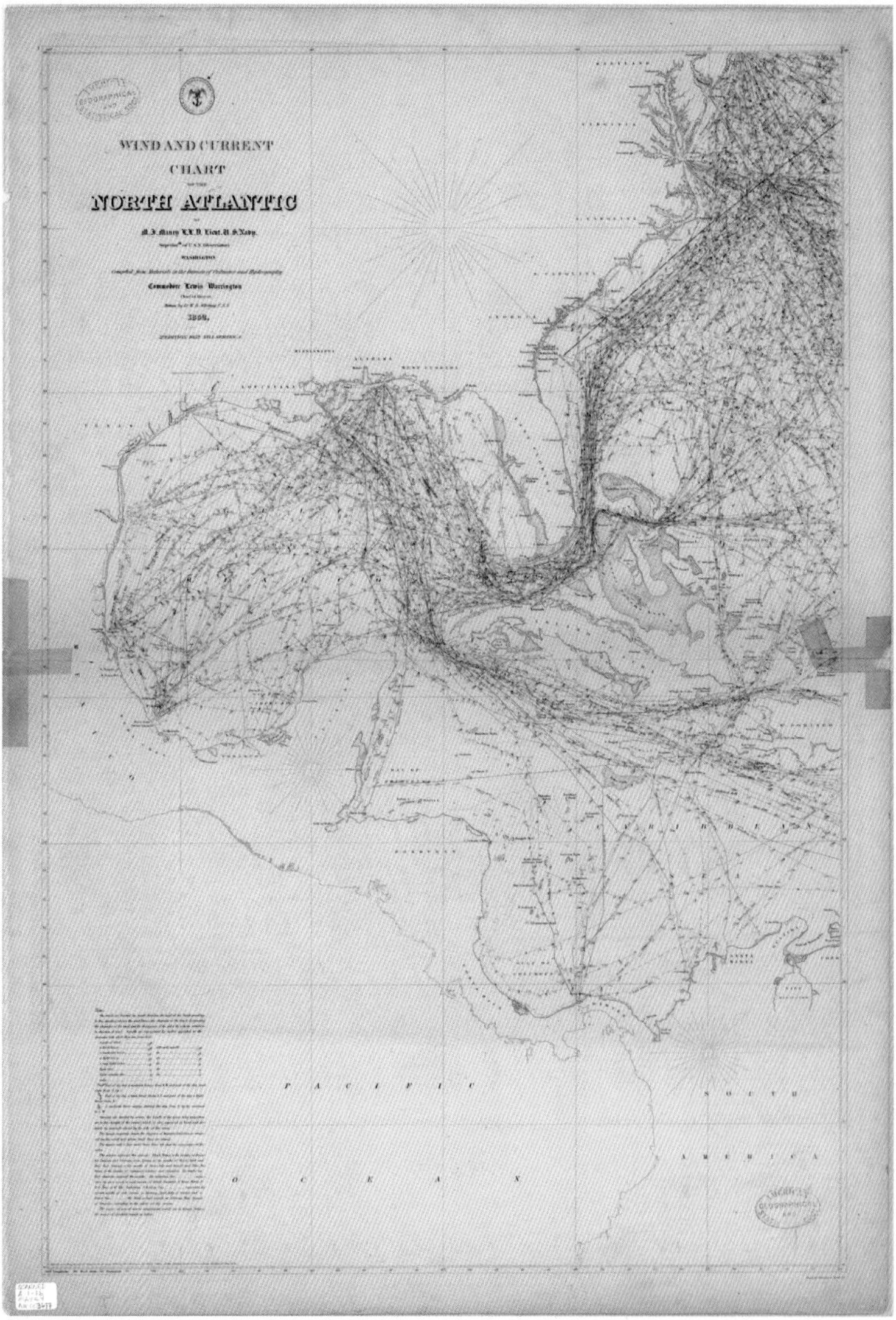

図３　マシュー・フォンテーヌ・モーリー　北大西洋の風況・潮流図　（1848）
（本文27頁参照）

図５　風音器　（M. J. モワネ『舞台裏——装置と装飾』パリ，1873）（本文171頁参照）

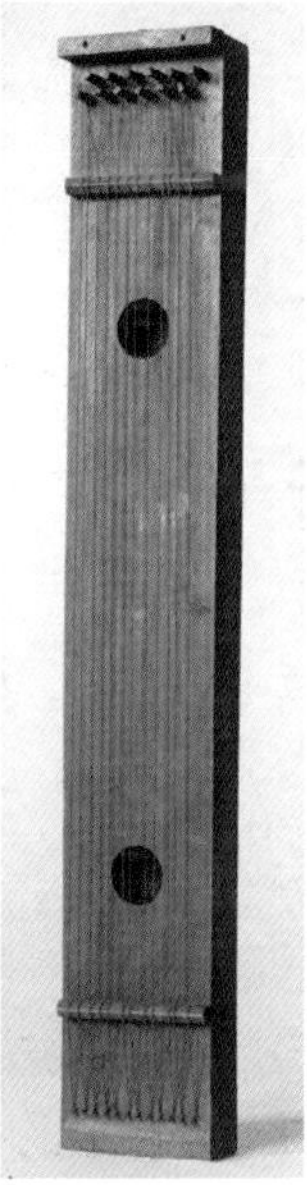

図４　イギリスのエオリアンハープ
（本文36頁参照）

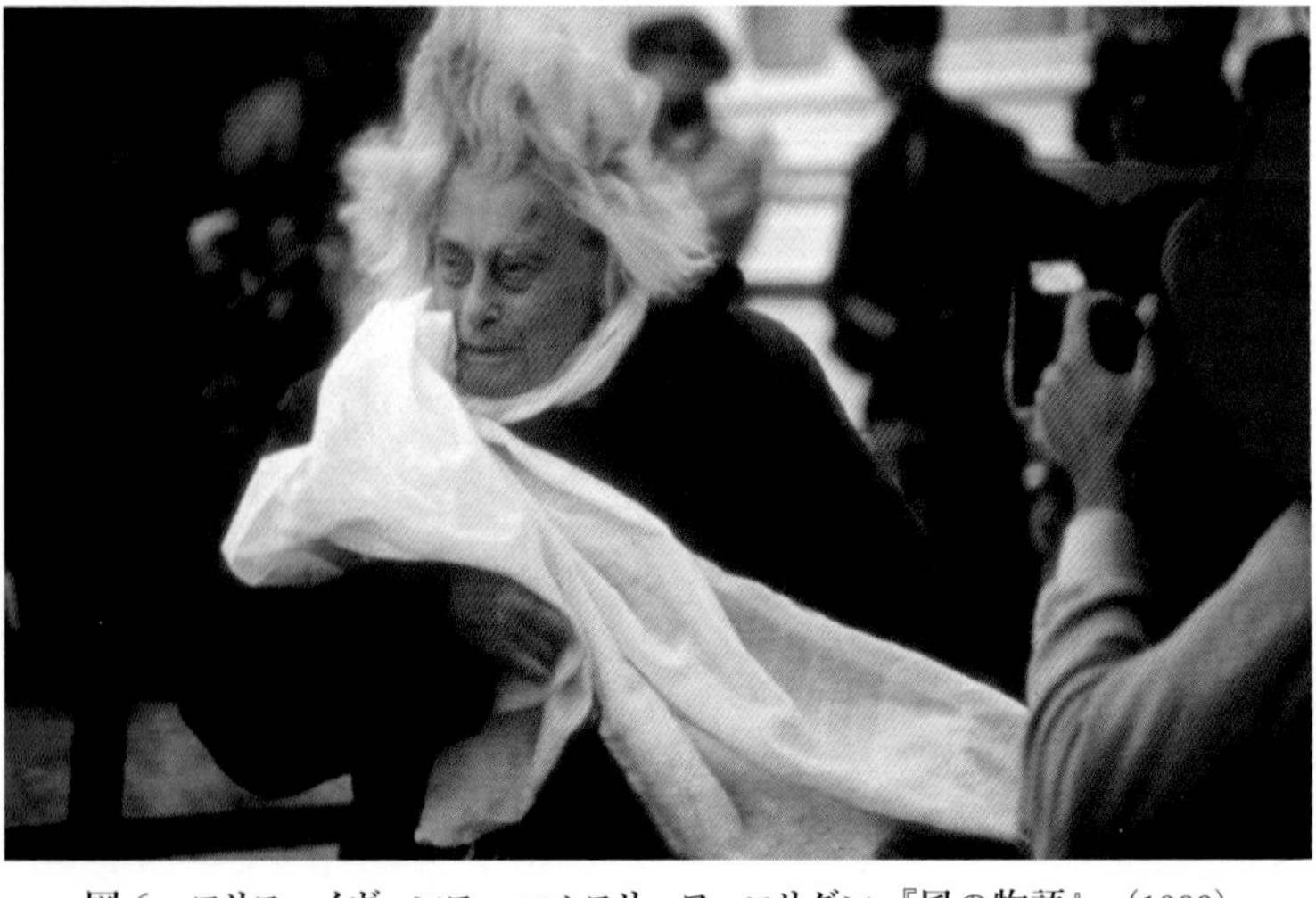

図６　ヨリス・イヴェンス，マルスリーヌ・ロリダン『風の物語』（1988）
（本文174頁参照）© Bridgeman Images.

疾風とそよ風

目次

疾風とそよ風

風の感じ方と思い描き方の歴史

凡例

一　訳注は〔　〕で本文中に記した。

一　コルバン自身による引用文の中略は［…］で示した。

一　引用箇所の翻訳について、既訳のある文献に関しては適宜既訳を参照しつつ、独自に訳出した。いちいちお名前は記さないが、訳者にはこの場を借りてお礼申し上げる。

一　コルバンによる文学作品からの引用文には正確さを欠く箇所がある。原典と照合したうえで、訳者の判断で訂正しておいた。その点は本文中でそのつど明記はしていない。

一　著者コルバンに確認したうえで、原書の誤植部分は修正したうえで訳出した。

一　読みやすさを考慮して、訳者の判断で原著にはない小見出しを付した。巻末の「人名索引」についても同様である。

序章

風が研究者から理解され始めたのは十九世紀のことだった。それまで、この音を鳴らす虚空は、それが引き起こす感覚全体として感じられ、描写されてきただけであった。つかみどころのなさ、不安定さ、はかなさが、目に見えず、とめどない、予測不可能なこの流れを定義してきた。広大な媒介者である風は、その一時性ゆえに、どこから来、どこへ行くのか、あまりよく知られていなかった。

誰しもが風の存在、力、影響を感じてはいた。風は間を置いて吹く。叫び、轟き、唸ることがある。まず音、けたたましい音である。ときにはすすり泣くようにも、永劫の責め苦を負って苛まれた魂が嘆くようにも聞こえる。そのエネルギーは畏怖を呼び起こす。風は襲いかかり、荒らし、叩きつけ、ひっくり返し、根こそぎにする。よって風は怒りであるとみなされていた。さらに風は去り際に、持ち去り、運び去り、蹴散らしていく。乾燥をもたらす。火を招く。だが、溜息をつき、愛撫し、ときに恋人の分身のように思われる風もある。

ひとの身体に対する風の作用には幅がある。こちらでは凍らせ、あちらでは窒息させる。古代より風は、浄化し、衛生に資するものとも、しかしまた、文字通りの意味で、伝染病を広げ〔比喩的な意味では「悪臭をまき散らす」〕、毒をもたらすものともみなされていた。要するに風、ヴィクトル・ユゴーが「嗚咽の広がり、空間の息遣い、この深淵の呼吸」と名付けた風は、それぞれの時代において、恐怖や畏怖、嫌悪を呼び起こすようなものだったのだ。

以上のことから、風は不変の特徴を備えており、歴史的変遷をもたない、と考えたくなる。が、まったくそうではない。十九世紀初頭から、風を理解すること、その遠い起源を突きとめること、その動きの仕組みと経路を把握すること、すべてが歴史に刻まれるべき出来事だった。山頂や砂漠、広大な森林での、とりわけ空中における新しい風の体験もそうである。

さらに、風を知覚し実感する方法は同時に、「気象学的な自我」の台頭によって深化した。以降、風は文学的な対象となり、作家たちの発想源であり続けている。風を想像し、語り、思い描く方法は、崇高の規範、ドイツ詩による自然の称揚、ロマン主義によって豊かさを増しながら変化してきた。時代につれて風に重要な位置を与えてきた叙事詩がたえず示してきた風の再解釈も忘れてはならない。

ことの始めに、風を感じる方法を着実に理解しようとするなら、どれほどの知識がありどれほど知識がないかを示す必要がある。よって、十八世紀最末期に展開した科学的転換、とくに空気の組成の発見を振り返ることから始めよう。それから大気循環の理解の進展と風の新たな体験をみていく。その際、この万物の基本要素の力が引き起こす情動を決定づける、美学上の規範を考慮しなければならない。

こうして実体験のさなかに身を置いたのち、芸術家、作家、旅行家が古代以来どのようにこの比類なき力、風という解き難い謎を読み解き、また、とくにどのように憧れてきたか、大筋をたどっていこう。そこで参照される作品は新たな知識と経験に結びつけられ、十八世紀と十九世紀における想像世界の刷新を導いた。

要するに、歴史家が扱うべき莫大な研究領域が浮かび上がってくる。風がまた、おそらくなによりも、時間と忘却の象徴であるだけになおさらのことだ。だからこそ、ジョゼフ・ジュベール〔フランスのモラリスト、一七五四―一八二四〕の「私たちの人生は風の織物だ」という表現に想いを馳せるべきなのである。

第一章　風を理解することの難しさ

風の描写

一七八八年七月四日から五日にかけての夜、その一年前にモンブラン山を登頂していたオラース・ベネディクト・ド・ソシュール〔スイスの物理学者、一七四〇―九九〕は、コル・デュ・ジェアン峠でかつてない強烈な風を体験する。この体験があまりに新鮮であったため、彼は『アルプス山脈の旅』と題した著書で詳しくこれを描写すべく努めている。同行者とともに小さな山小屋に避難したときのことを、次のように書く。

夜中の一時、非常に強い南西の風が吹いた。その激しさたるや、吹くたびに息子と私が寝ている石造りの小屋が運び去られてしまうのではないかと思うほどだった。この風は、一定の間、この上なく完全な静けさによって定期的に中断されるという点で奇妙であった。中断している間、風が下方、アレ・ブランシュ道の底を吹き巻いているのが聞こえていたが、私たちのいる小屋の周りは完璧な静けさに包まれていた。しかしこの静けさのあとには言語を絶する激しい突風がやってくるのだった。それは大砲の発砲に似た、立て続けの衝撃だった。私たちはマットの下で山自体が揺れているのを感じていた。風は小屋の積石の隙間から吹き込んできた。二度もシーツと毛布を持ち上げられ、私は頭から爪先まで凍ってしまった。風は明け方にはやや収まったものの、しばらくして再び起こった。今度は雪と一緒に、四方八方から小屋の中に入り込んできた。そこで私たちはテントの一つに避難した［…］。見るとガイドたちは、暴風によってひっくり返され、テントもろとも吹き飛ばされることを恐れて、たえず支柱を押さえることを強いられていた。

それからソシュールは彼らを襲う「雹《ひょう》」と「雷鳴」を書き記す。

　風の強さがどれほどかといえば、次のように言おう。ガイドが二度ほど、別のテントにある食料を取りに行こうとして、風が静まったようにみえた合間を見計らった。が、道半ばで、一方のテントからもう一方まで十六歩か十七歩しか離れていないのに、彼らは凄まじい風の攻撃に襲われた。彼らは断崖に運び去られぬよう、幸い道すがらにあった岩にしがみついていなければならなかった。風によって着ているものは頭までめくり上げられ、体は雹に打たれながら、そこに二、三分とどまったのち、果敢にも歩き始めた[1]。

この一七八八年の夏、ソシュールにとってこのような風の体験は——今日の読者にはきっと凡庸に思われたであろうが——新しかった。こうした評価こそが歴史的事実をなすのである。そしてこれからみていくように、続く何十年かの間に、さらに新しく思われる風の体験がなされるのである。空の世界がもてはやされていたこの十八世紀の終わりには、風は概して、いまだ万物の基本要素の一つとみなされていた。数十年後に、風の性質、その起源と経路がよりよく理解されるまでは。

空気を通した風の理解——人体への影響

十八世紀末まで、風に関する科学的なデータはごくわずかだった。その強烈な体験は、多くは恐ろしい、航海中に起こった苦難として、また各地方の陸上でまれに生じた災害として括られていた。風がそれぞれの地方の表現であらわされていたことは後に述べよう。水夫たちは風にとりわけ重要な位置を与えていた。風を描写するのに数多くの語や言い回しを用いていた。風の質は、わずかばかり、測量装置を持つ非専門家が実施した記録方式に含まれていた。風力計はときに、気象学愛好家の小さな研究室で温度計や気圧計と並んでいた。風向計の設置も付け加えておこう。風向計は風の向きをわかりやすく示すもので、教会の鐘楼や城館の正面に取り付けてあった。それが領主の特権だったからだ。

きわめて高い教養を身につけた人々は依然として、太古の時代に遡るあまたの宗教文学および世俗文学で示される表象によって風を知覚していた。とはいえ、人間の生活にとって非常に重要な条件と認められていないながら、風は説明不可能なままだった。航海士はたしかに、ルネサンス期以来、南北回帰線間地域に吹く貿易風の規則性を認識しており、この時代にはすでにこれらの観察を反映した航海図が存在していた。さらに、いくつかの地方固有の風、フランスについていえばミストラル〔南仏、地中海沿岸の北風〕、トラモンタン〔地中海沿岸の北風、アルプス・ピレネーを越えてくる山風〕、ノロワ〔北西の風〕といった風はごく詳細に書きあらわされていた。加えて、十八世紀の終わりのサロンでは、科学者、あるいは自称科学者が、小型模型で風の吹く様を再現する小実験に励んでいた。しかし風を理解することはまず、空気とその組成の知識を前提とする。風ははたして、アリストテレス以来考えられてきたように、水、土、火と並ぶ、流体の基本要素だったのか、あるいは謎めいたフロギストン〔十八世紀に仮想された燃素〕だったのであろうか。

専門家は、それが何であれ、空気は人体にさまざまな仕方で作用するとみなすようになった。空気と肌や肺の膜とのわずかな接触、毛穴を通した空気の入れ替わり、おのずと空気を含む食物の直接または間接による摂取といった仕方で。この時代の科学者は、当時身体の基本的構成要素とみなされていた繊維（fibres）について、その伸縮を左右するのは空気であると繰り返し説く。体内では外側と内側の空気の間に一時的な均衡が保たれ、呼気や痰、おくび、「風〔屁〕」によって調整されると考えられていた。この二世紀前にはラブレーが、風だけを糧とする人々が住むリュアック島について長々と語っていた。

以上のことから、空気は重力と拮抗するに十分強力な、ある拡散力、つまり弾力によって動かされているという確信が出来上がっていった。この視点では、空気がこの弾力を失った場合、ただ運動と攪拌――後述する――によってのみそれを回復させること、すなわち機能を存続させることができた。医者にとって、身体と体内環境と外気の間の均衡がきわめて重要な条件であった。すなわち、熱い空気は繊維の伸長、弛緩をもたらし、冷たい空気は繊維の収縮を招く。新鮮な空気はとくによい効果があると判明しているので、これを求めるべきだ。ごらんのように、空気の科学的表象が風に向けられた関心の基礎をなしていた。

空気を重んじるこのような考えによって、空気は、煙や硫黄、水蒸気、揮発性また油性の、あるいは塩を含む蒸気、さらに地中から発生する燃素、沼地の発散物、腐敗する人体から出るガスが混ざり合う、おぞましい合成物とみなされるようになった。これらのものによって空気の弾力は悪い影響を受け、さらに弾力は、雷鳴や稲妻、暴風雨によって起こされる奇妙な発酵や変化によって脅かされることもある。

ある場所の空気は、その中で感染症が生じるおそれのある不穏な貯水槽をなしていた。したがって、有害な滞留物を除いてくれる風と空気の攪拌が称揚されるようになった。新ヒポクラテス学説――紀元前五世紀から四世紀に説かれ、十八世紀に再編された、コス島出身のヒポクラテスによる学説――は空気に対する注意を推奨し、長い滞留を警戒するよう促した。換気は、空気がもはや万物の基本要素やフロギストンとしてではなく化学的合成物としてあらわされるようになってからの期間をはるかに超えて、ずいぶん前から称揚されている。それこそ、次に考察しなければならないことだ。

風による換気

フロギストンは当時自然の偉大な力の一つとみなされていた。それはすべての生き物に本来的に存在している特別な流体であり、生き物から離れ出る際に燃焼を起こすと考えられていた。十七世紀に輪郭が示されたこの理論は、当代きっての博識な科学者の一人、ゲオルク・シュタール〔ドイツの化学者、物理学者、一六六〇―一七三四〕によって再び取り上げられ、展開された。シュタールによれば、フロギストンはあらゆる可燃性の物体中に存在し、燃焼自体はフロギストンが化合物から非結合体へ変化する過程にすぎない。

アントワーヌ・ラヴォワジエ〔フランスの化学者、一七四三―九四〕は知ってのとおり、燃焼についてのこの誤った理解を打ち破った。ラヴォワジエは、プリーストリー牧師〔イギリスの神学者、化学者、一七三三―一八〇四〕――後述する――が、フロギストンに固執するゆえに行き詰まったとはいえ独自の方法で提示していたこと、すなわち、空気の組成は窒素――一七七二年にはダニエル・ラザフォード〔イギリスの医師、化学者、一七四九―一八一九〕によって証明されていた――と酸素と水素――ヘンリー・キャベンディッシュ〔イギリスの物理学者、化学者、一七三一―一八一〇〕によって発見された――であることを示した。

よって重要なのは、完全ではないものの、神学者かつ科学者のプリーストリーが一七七二年と一七七八年に発表した発見だった。プリーストリーによれば、呼吸の観点からして、「普通の空気」と「フロギストン化した空気」（窒素）と脱フロギストン化した「生命に必要な空気」

（酸素）がある。三つめの空気は格別呼吸に適している。結局、プリーストリーはいささかフロギストンに執着しすぎたために、空気の組成を完全に説明するには至らなかった。ともあれ、その著作では空気は万物の基本要素であることをやめ、結合物あるいは混合ガスとみなされている。しかしプリーストリーは、同時代の科学者と同様、ガスの化学と生体の変化は密接に結びつくと考えている。空気の研究とは当時、生命の仕組みを研究することだったのだ。換気することは公共の場を浄化することだった。お分かりだろうが、風は黎明期の公衆衛生の中心にある。そこでは換気が、空気の滞留と不動からくる強い不安に基づいた衛生学的施策の根幹をなしている。

ラヴォワジエが空気の化学的組成を明確にする前でさえ、新ヒポクラテス学説の空気重視の考えによって、空気に弾力性と清浄化作用を回復させるものとして換気を奨励するようになっていた。風は空気の澱んだ下層を掃き出し、腐敗した水を浄化して悪臭を消す。ひと言でいえば、風と通気を観察し、管理することはきわめて重要な行為とみなされる。

この点からすれば、送風器とあらゆる換気装置は有用であることがわかる。風の効力、すなわち通気を活発化しうると考えられた事物の数は多い。私的空間では扇、沼地の近隣では木々、台の上に据えられた水平回転の風車、街中を走るあらゆる乗り物、鐘の音による空気の振動、大砲の発射、船舶の帆の動きなど。検疫所では、ペストを持ち込む疑いをかけられた商品は空気に当てられた。

啓蒙主義時代の建築には空気を巡らせる必要と気流を上に向けるための努力が強く感じられる。健康的な街は、この浄化方法の妨げになるので城壁に囲まれてはならない。風の巡りをよくするため、道幅は広く、広場は開《ひら》けていなければならない。同じ理由で、建物は互いに離れているべきだ。病院は「空中の島」として構想される。そうしてルイ十六世により、街の中の通気を妨げないこと、また空間の換気を可能にすることを目的とした王令が発せられる(2)。

イギリスにおいてもフランスにおいて同様、王立医師団がさまざまな地域の「医学的にみた体質」の作成を訴えていた。とりわけ衛生状態つまり感染症の危険をよりよく探知するためである。このような活動は、執政政府〔一七九九―一八〇四〕および帝政期〔一八〇四―一四〕のもと、ジャン・アントワーヌ・シャプタル〔フランスの化学者、医者、一七五六―一八三二〕の指揮で行われた県単位の大規模な統計調査に含まれており、十九世紀はじめの三分の一の間、おびただしい数の報告書に記録され続けた。それは各地の風の歴史に関する貴重な情報源である。以上のことはよく知られている。

気象力学の進展

本書の主題に戻ろう。一八〇〇年から一八三〇年の間、風の知識にはごくわずかな進歩しかみられない。しかし、押さえておきたいこの時期の主な事項が二つある。科学者たちが「空気の海洋」の存在を強調していたこと、またこの「空気の海洋」との関係をふまえて、気象現象の発生地が遠くにあると認識していることだ。

これらの事項について頭角をあらわしたのが当時の科学界の最重要人物アレクサンダー・フォン・フンボルト〔ドイツの博物学者、一七六九―一八五九〕である。その『コスモス』と題された浩瀚な書物を数葉読むことにしよう。一八四五年に出版されたもので、のちの彼の確信が集約されている。

海洋に関する知識を展開したのちフンボルトは述べる。

> 地球の第二の層、つまり外側の、世界を覆う層は空気の海洋であり、我々はその奥底に住んでいる。この層は六つの気象に分類されるが、すべてが相互に依存し、密接に結びつい

ている。これらの気象は空気の化学的な組成、すなわち空気の透明度、その色彩、光の集め方によって生じる変動に由来する。それらは濃度や気圧、温度、湿度、電圧の変化から起こる。

数ページ後、アレクサンダー・フォン・フンボルトは、私たちの関心事である風に関してきわめて重要な事項を強調している。それは大気現象とその発生源との地理的な距離である。彼の説明を聴こう。

超大規模な気象の現象は概して、それらが観察されるその場所で起こるものではない。起源は別のところにある。そうした気象はおおよそ、遠く高地の気流で突発する大気の乱れから始まる。そして近づくにつれ、この逸れてきた気流の冷たい、または暖かい、乾燥した、または湿った空気が当地の空気に入り込み、その透明度を濁らせるか回復させるかし、どっしりとした雲あるいは丸い雲をつくり、ときに雲を分け、綿毛のように軽いかけらに分散させる。こうして大気の多様な乱れ方は、おおかた解明不可能な起源が遠くにあることでさらに複雑になる。気象学は熱帯にその出発点を探し、基礎を築くべきだと私が考えたのはおそらく正しかった。熱帯は風がたえず同じ方角に吹き、空気の波、水蒸気現象の動き、雷電の発生が規則的な循環に従っている特別な地域だからだ(3)。

お分かりだろうが、この先見の明がある文章を書いた人物が生きているのは、これからみていく発見がなされる前の時代だ。

だが、アレクサンダー・フォン・フンボルトが風、雨、大気の変動が発生源から離れていることを指摘した唯一の人物ということではまったくなかった。ベルナルダン・ド・サン＝ピエール〔フランスの作家、植物学者、一七三七―一八一四〕は独自の方法で、間違いなくより詩的に、気象の離れた起源に魅了され、それらが辿る道筋に思いを馳せていた。

突如、気象の理解、つまり風の理解は一八五四年から一八五五年にかけて進展する。この年、二つの災害が人々を驚愕させた。一八五四年十一月十四日、クリミア半島付近のイギリス艦隊とフランス艦隊を凄まじい嵐が襲った。海軍の花形であるアンリ四世号を含む多くの船が破壊された。一八五五年二月十六日、軍艦「快活」号がボニファシオ海峡〔コルシカ島南〕で沈没し、乗員の誰一人生き残らなかった。皇帝ナポレオン三世は当時強い衝撃を受け、いくつかの決定を下した。この年、ユルバン・ル・ヴェリエがパリ天文台所長に就任したが、そこでは所員が一日に三度、記録帳に風向きを記していた。グリニッジでもパリでも、科学者の出版物は数を増す。観察網は密になる。国際的な会議が組織される。そのうちの一つには十カ国が参加し、洋上において一日に何度も気象観測を行うことを義務とした。同じ頃、大気中の気象力学に対する一般市民の関心が高まってくる。まもなく(一八五九年)海底電信が記録情報の伝達を加速する。

こうしたことが科学的な発見を後押しした。風に関わる発見が相次ぐ。早くも一八四八年にはカルカッタから、ヘンリー・ピディントン〔イギリスの船員、気象学者、一七九七—一八五八〕が熱帯の嵐についての参考文献を出版していた(『船乗りのための嵐の法則についての手引き』)。ピディントンは旋回する嵐を示すために「低気圧〔サイクロン〕」(ギリシア語の「旋回」から)の語を採用した。この語は十一年後フランスに導入された。同じ一八四八年、アメリカ海軍のマシュー・フォンテーン・モーリー〔海洋気象学者、一八〇六—七三〕が「北大西洋の風況図」を製作していた。一八六三年、フランシス・ゴルトン〔イギリスの遺伝学者、一八二二—一九一一〕が「高気圧」の概念を取り入れ、オランダ人のクリストフ・ボイス・バロット〔気象学者、一八一七—九〇〕は低気圧の中心に対する風向きを説明する法則を発表した。(4)

フランスにおいても気象力学は発展する。エドム・イポリット・マリエ＝ダヴィ〔天文学者、物理学者、一八二〇―九三〕はこの分野できわめて重要な役割を果たす。まず、巨大な直径の、彼が「シクロノイド」と呼ぶものを見つけ、すぐさま「旋風」と言いあらわし、一八六三年にその風況図を出版する。二年後、この旋風は熱帯低気圧が勢いを弱めながらヨーロッパの緯度にまで至ったものにすぎないとする考えを排し、「旋風」の起源はニューファンドランド〔カナダ〕、アイスランド、アソーレス諸島〔大西洋中央部〕の海域にあり、それがヨーロッパに辿り着くまで数日かかることを突きとめる。一八七〇年代、この「旋風」あるいは「低気圧」は、とくにヨーロッパに関して、気象力学の根本をなす存在として認識された。

同時期、風況図に対する熱狂が湧き起こる。たとえばマシュー・フォンテーン・モーリーとその観測団は一八四八年から一八七三年にかけて『風配図』を出版している。風配図からはとくに、一年の月毎に、どこの方角から吹く風が何回観測されたかを読み取ることができる。

当時風の向きと強さにもっとも熱中していたのは、間違いなく、保守派カトリックの小ブルジョワ、レオン・ブロー〔一八三九―一八五〕だった。(5) 一八七〇年に構想された計画を実行に移し、風に関する記録を資料から抽出するために、各港を訪れに出向いた。その目的は「空気の正常な均衡」を割り出すことであり、熱帯性の暴風雨や嵐、旋風や低気圧といった、彼が「空気の病」とみなす偶発的気象は含まれなかった。一八七三年には、疲れを知らぬ調査旅行ののち、観測団の功績により、十二冊の研究誌を製作するに至った。これは、さまざまな港に寄港した船員によってなされた全部で七五〇の、フランス海軍の伝統的な風力階級——ビューフォート風力階級ではなく[6]——によって段階づけされた風の観測をまとめたものだ。使用された風速計は測量器具ではなく、船員の身体だった。実際、集められた記録は、ブローが最良の風速計とみなす操舵手の将校たちによって採取されていた。

始め、ブローは北大西洋の風の統計図を、一八七五年八月にパリで催された国際学会で発表した（**口絵図2**）。彼によれば、その著作は十八世紀および十九世紀半ばに始まった風をめぐる論説に終止符を打とうとするものだった。それらの論説は事実に基づいていないとブローは考えていた。一八七七年、そして一八八〇年、ブローは南大西洋と太平洋とインド洋に関する三カ月ごとの風況図を出版した。その後、海流についても同様の企画を立てたが、一八八五年、自身の死によって中断された。

何十年もの間、ブローの風況図は科学界で大好評を博した。これは一九四〇年までフランスの軍艦の船舶すべてに必須のものだった。

今日では風が海流のあり方にきわめて大きな影響を及ぼすことが知られているので、海流に話を戻そう。当時知られていたのはどのようなことだろうか。メキシコ湾流は、その一定した質も経路もかなり前から知られていた。アレクサンダー・フォン・フンボルトはメキシコ湾流の詳細な研究を行っている。フンボルトは「地球を巡って動く潮、および支配的な風の持続時間と強度」がもたらす作用、「緯度によって変わる海水の特殊な重力」、深さ、温度、塩分濃度、気圧の変動に言及する。海流の動き、速度を描写し、海流の深さの問題を提起している。

一八五五年、マシュー・フォンテーン・モーリーは『海の物理地理学』と題された著書に、海流は変動すると断りつつ、風況と海流を同時に記した図を掲載している（口絵図3）。深層海流の発見がなされるのはこのときだが、深層海流に関する風の働きが明らかになるのはずいぶんあとのことである。現在ではたしかに、風が海洋に与える摩擦エネルギーの五〇パーセント近くが海流に伝わることが知られている。たとえばジャン＝フランソワ・マンステール〔フランスの地球物理学研究者、一九五〇―〕は『海洋機械』において、「風域の地理的構造が、水面の気流の水平構造とそれらの垂直移動の双方の原因である」とあらためて述べている。(7)

科学者および一般市民の風に対する関心の高まりは、ポール・ヴィダル・ド・ラ・ブラーシュ〔フランスの地理学者、一八四五―一九一八〕が風の科学を地理学に組み込むことによって成就した。この十九世紀末、気団の力学について得られた知識のおかげで、風は未知なるものではなくなった。さらに必要なのは高層の大気の知識であり、とくに対流圏、なかでも成層圏〔対流圏の上方一〇〜五〇キロメートル〕の概念だが、これは二十世紀初頭、レオン・テスラン・ド・ボール〔フランスの気象学者、一八五五―一九一三〕によって導入された。ジェット気流の知識の普及は同じ世紀の半ばに起こった。これに関して、フランスでは一九五〇年代の終わりに気象学者ピエール・ペドラボルド〔一九一〇―九二〕が大きな役割を果たした。とくに当時カーン大学で行われていた講義によってであるが、筆者は彼の授業を聴いた一人である。

第二章　一般の風

局地風

大多数の人々にとって、日常的な風の体験では、遠方にある気団の大気循環の法則に関する知識はほとんど意識されていなかったはずだ。地域の風、それらに付けられた地方固有の名前、世代から世代へと受け継がれる局地風に関する情報こそが肝要なのである。このことは研究され、繰り返し述べられてきた。各地方の風に関するきわめて詳細な総覧が作成されている。それに没頭してしまうと冗長になるだろう。

たとえば、ジュール・ミシュレ〔フランスの歴史家、一七九八―一八七四〕はフランス南部に吹く風を四つ――フェーン〔アルプス地方、山から降りる高温乾燥の風〕、オタン〔南西風〕、シロッコ〔北アフリカから来る南東の熱風〕、シムーン〔砂漠地方の熱風〕――挙げているが、これらの風を作品中の山に吹かせている。フランスで当時もっとも知られていた局地風は、冷たく乾燥した荒々しいミストラル〔ローヌ渓谷からの北風〕だった。ミストラルは北および北西から吹き、たやすく時速百キロメートルに達する暴風になり、ヴァランス、モンペリエ、フレジュスの街によってつくられる三角形を吹きすさぶ。ミストラルはローヌ渓谷の回廊で勢力を増していく。

ミストラルは自然に対して濃厚な影響を及ぼす。植物をたわませ、岸壁を浸食する。空の輝きを際立たせもするが。乾燥をもたらし、火事を招く。家の屋根を持ち上げる。ミストラルは概ね一日から三日にわたって吹くが、海に広がっていき、コルシカ島やバレアレス諸島〔スペインの東〕に到達することがある。一八五五年二月、ボニファチオ沖合で「快活」号沈没を引き起こしたのはおそらくこの風だ。ミストラルが通る地方の農村の建築はそれをふまえて造られている。当然、十九世紀の半ばまで、風車の持ち主にとってミストラルは果報であった。

「ラングドック地方の風」の分析家、ジャン＝ピエール・デスタン〔フランスの民族学者〕の言葉を借りれば、地方の風はその土地を特徴づけるものであり、風土のしるしである(1)。局地風がいかに豊富かは風の名前の多彩さに現れている。それぞれの風が土地の象徴となっている。局地風は、地域内の生きた尺度の役割を果たす。すなわち、空間構成の形態の一部として機能している。

風はよく指標になる。漁、採取、狩猟の計画は風に従う。このため、風はよく考慮される必要がある。ジャン＝ピエール・デスタンは、普通の風、ただの風の通り道、一時的なそよ風、「小風」または「ごくわずかな風」を区別する。住民の「風の知識」の様式、すなわち「風の文化」の目録を作成している。風はしばしば話題になる。風は望まれ、懇願され、あるいは罵られる。

存在してもしなくても不満を招く。ときに、風が止むと、欠如の感覚がやってくる。その息吹によって虚空を埋める風はそうして、中断による沈黙を強く感じさせるのだ。

風はそれぞれが、自らの存在を感じさせる独自の触覚的な方法をもつ。この点はあとで詳しく述べよう。歌う風もあれば、口笛を鳴らす風もある。他の風よりいっそう香りと匂いを広げる風がある。あらゆる風がその風景の、創造力を刺激する複数の感覚に関わる。事故を引き起こす風があることを、車を運転する人は知っている。ジャン゠ピエール・デスタンが強調するように、土地と同じだけ、人間と同じだけの風がある。彼の対話者の一人は断言する。テレビの風は風ではない。というのも、この人物曰く、本当の風は空の輝きや音や匂い、磯の香りや土の香り、視覚的な要素に基づいて認識される正確な方角に関わるものだからだ。

ミストラルと風車

局地風は歴史家の興味をたえず引き続けてきた。マルチーヌ・タボーとコンスタンス・ブルトワールは局地風の影響の分析、というより、それらが童話にどのように書きあらわされているかの分析に専心した。(2) たしかに風は、ごく幼少期から想像世界に働きかけてくるものだった。

一方、パトリック・ボマンはフランス全土における「雨風」の一覧作成に特化した[3]。ジャン＝ピエール・リシャール〔フランスの文芸評論家〕を含む風向計の歴史家たち、そしてもちろん風車の歴史を扱う歴史家たちも、同様の観点から研究に邁進した。

これについて、アルフォンス・ドーデが『コルニーユ親方の秘密』と題された物語で、登場人物の一人に過去を振り返って語らせていることを挙げよう。十里四方に住んでいる麦生産者が、挽いてもらう穀粒を運んできていた。「当時、村の周りの丘は風車に覆われていました。見渡すかぎり、松林越しに、ミストラルを受けて回転する羽根、袋を背負った小さなロバの行列しか見えませんでした」とドーデは書く。丘の上で「羽根の布がはためく」のが聞こえるのは愉しみだったのだ。「日曜日になると私たちは隊を組んで風車へ行きました。〔…〕粉屋たちはミュスカ・ワインを振る舞います。〔…〕こうした風車が〔…〕その地方に歓びと豊かさをもたらしていたのです」。

ドーデは、H〔イポリート〕・ド・ヴィルメッサン氏〔フランスのジャーナリスト、一八一〇―七九〕への書簡においてこの作品に触れ、打ち捨てられた古い風車の中で眠らずに過ごした一夜の話をする。「ミストラルはいきり立ち、その怒号が私を朝まで眠らせませんでした……。風を受け、船具のような音を立てて鳴る三つの壊れた羽根を重々しく揺らしながら、風車全体が軋んでいました。崩れかかった屋根から瓦が飛んでいきます。突風が怒濤のように激しく扉にぶつかり、肘金に悲鳴を上げさせていました」。ここでドーデは、この嵐に襲われた船員のことを想像する。「この風は、いま私の頭越しに過ぎていくが、おそらく船の帆柱にも吹き荒れ、帆をぼろきれにしてしまうのだ、と私は思っていました(4)」。

こうして局地風のとてつもない重要さを強調してはいるが、本書の目的をふまえ、目録を何種類もずらずらと並べることは控えておこう。続く章では、それらの数えきれない風のうち、いくつかの風に絞って述べることにしたい。それらの風がどのように体験され、どのような感情を引き起こしたかをより深く理解することになるだろう。

第三章　エオリアンハープ

自然の奏でる音

十八世紀後半、文学に、とくに自己を語るエクリチュールの中に、大気現象が激しい勢いで入り込んできた。日記や手帳、書簡から読み取られるのは、そのときの天候に左右される感じやすい自己の存在や空の変動から影響を受ける自己の不安定さがしだいに濃厚になることである。当然、風の歴史はこの新しい感受性を反映する。風は、それ以降つきまとうようになる自然の音を表現し、象徴する。なかでも「暴風雨、嵐、台風は」、孤独な主観性のあり方に、「人間の条件の本来的な不安定さのしるしとして文学に入ってきた」[1]。こうしてドイツではシュトゥルム・ウント・ドラング運動〔疾風怒濤。ゲーテ、シラーを中心とする文学革新運動〕が起こる。この運動名は、しばしば雪を伴う高い強度の風を意味するシュトゥルムと、襲撃や衝動、激情を意味するドラングを組み合わせたものだ。

ある楽器が、たちまちより幅広い現象において注目の的となったのだが、この新たな関心を如実に示している。エオリアンハープである（**口絵図4**）。まず、これはアタナシウス・キルヒャー〔神学、地質学、東洋学など多岐にわたるドイツの学者、一六〇二―八〇〕が十七世紀半ばに発明したと考えられている装置である。しかし、とくにドイツやイギリスでは、十八世紀の終わりになってようやく普及した。エオリアンハープは弦を張った楽器で、その中を風が通過することで、当時音楽的とみなされた音を鳴らす。それはさまざまな形状で作られている。もっとも多いのは、共鳴箱を備えた木の箱で、箱の中に複数の素材の弦が縦長に張られたもの。弦がこれこれの音を出すように調整することはできるが、風の強さの種類をふまえると振動速度はさまざまであり、よって出る音も変わる。一言でいえば、風が演奏者になるのだ。たいていエオリアンハープは開かれた窓の前に置かれる。それは集団的な感受性を映す家庭のならわしである。

私たちにとってもっとも重要なことは、エオリアンハープが、フレデリック・ショパンのエチュード作品二五一番のように楽譜の題名に現れ、また幾度も称賛され——とりわけサミュエル・テイラー・コールリッジ〔イギリスの詩人、批評家、一七七二—一八三四〕によって——、そして風が鳴らすあらゆる音色、なかでも、風が森や荒地で鳴らす音色をあらわすようになったことだ。人間が何ら介入しないにもかかわらず。古代から、風の神アイオロスには自然、とくに木々を奏でる音楽家という特性が与えられてきた。十八世紀末のこの時代、繊細な、あるいは荒々しい、そうした風の音楽を忘れている詩人はごくわずかだった。哲学者のポーリーヌ・ナルディニは先ごろ、「世界の竪琴、さらにはエオリアンハープとしての自然は、とてつもなくロマン主義的だ」と書いた。[2] こうしてこの主題はノヴァーリス〔ドイツの詩人、一七七二―一八〇二〕によってあらゆる形に変奏される。一八二二年、ゲーテは「彼、彼女」と題する詩を綴るが、流行に沿うように、またこの詩を自然の声に捧げられた作品群に含めるため、最終的には「エオリアンハープに寄す」という題をつけた。ただし内容は風にもハープにも関係がない。

風と感受性

一八一一年（または一八一二年）、メーヌ・ド・ビラン〔フランスの哲学者、一七六六―一八二四〕は自身の感受性を説明する際、風の音楽を主題とする。

私はかつて孤独のうちにあってより幸福だった。私の想像力と感受性は高まった状態にあり、ごく微かな風にも弦を震わせ快い響きを発するエオリアンハープのようだった。[3]

そのかなりあと、十九世紀後半の間、アメリカの超越主義者ラルフ・ワルド・エマソンとヘンリー・デイヴィッド・ソローが同じ主題に取り組む。ソローはこれについて、彼もまたノヴァーリスを参照し、「世界の竪琴」を感じると考える。一八五一年七月、ソローは『日記』の中で「エオリアンハープ」の妙なる調べをほのめかす。幾度も、とりわけ電信線によって起こる音について繰り返し述べている。このことは、空気に関するあらゆるものに対して敏感なソローの感性に合致する。(4) さらにのちには、ウジェーヌ・ドラクロワが、『日記』においてジョゼフ・ジュベールについて詳しく述べてから、その死後見つかった手稿に記されており、ジュベールの手によるとみなされていた次の一文を引用している。「私は、美しい音をいくつか響かせるもののいかなる旋律も奏でないエオリアンハープのようだ(5)」。

感性と風の密接な結びつきを明らかに述べる文章に戻ろう。十七世紀にはすでに――といっても当時としては稀な例なのだが――セヴィニェ夫人〔フランスの作家、一六二六―九六〕が、さまざまな風と雨すべてを感じとる繊細な気質を示している。セヴィニェ夫人は自分の娘であるグリニャン夫人が、この「ものをなぎ倒し彼女を殺してしまう残酷な南風」にさらされる目に遭っていると考え、おののいていた。セヴィニェ夫人はブルターニュに吹くいくつかの冷たい強風への嫌悪を語る。そうした風は彼女の健康を害し、とりわけ悲しくさせるのだ、と一六八九年七月十三日に記している。(6)

『新エロイーズ』の読者は、サン＝プルーが自然の破壊者とみなした「セシャール」という風にたびたび触れるジャン＝ジャック・ルソーの執拗さを覚えている。これはレマン湖に特有の日中に起こる熱風で、東からまたは北東から吹く。しかし、アヌーシュカ・ヴァザク〔文学研究者〕が指摘するように、ルソーは「実際の気象——すなわち外界——と、主体の境界を明確に定める意識との間に、断絶」を設けた。(7) この意味で、最初に「心の感知器」を語った人物は、本章で先に述べた、「気象学的な自我」をあらわす表現を突き詰めなかったということになる。

「気象学的な自我」は、エオリアンハープのところですでに触れたジュベールが記したことにはっきり示されている。ジュベールは「空気の中に書く」こと、「空にじかに書く」ことを切望していた。雨と晴天につねならぬ注意を向けており、感知器としての心を備えていた。これは彼の文章に反映されるのだが、「その原理はきれぎれ、とぎれとぎれ、まばら」、つまり文章は風の様態に倣っている。(8)

良質な空気の効用

筆者はかつて、「浜辺」の誕生が神学的な根拠に基づくことを詳しく分析した。この社会現象の主な立役者、医師リチャード・ラッセルによる風の受けとめ方は、彼の信条である自然神学の影響を受けている。嵐が、激しく水を揺らすことによって空気を整え、空気を換えて浄化するのに対し、「海の風は、神によって、[…]船を推し進めるために」、だがとりわけ「確実に水を浄化するために、つくられる」。こうして、海をめぐる古典文学の想像世界、これについては後述するが、風の神アイオロスや水の精ナーイアスの世界から解放されるのである。ところが、この時代の旅行者にとって、とくに一八世紀来グランド・ツアーを行ってきたイギリス人にとっては、偉大な古典作品のご当地巡りをし、私たちの関心からいえば、とくに『アエネーイス』〔ウェルギリウスの叙事詩〕に描かれた嵐を、イタリアで確かめたいという欲求はきわめて強かった。

したがって、そのとき風によって引き起こされた感情は、自然神学と古典の記憶という、相反する条件によって決定づけられていたことになる。加えて、崇高の規範や、のちのことになるが、ジェームズ・トムソン〔スコットランド生まれ、イギリスの詩人、一七〇〇—四八〕とジェームズ・マクファーソン〔スコットランドの詩人、一七三六―九六〕の作品に描かれた嵐の影響もあった。付け加えれば、早くも十七世紀には、ロバート・バートン〔イギリスの作家、一五七七―一六四〇〕が憂鬱への対策として外気を推奨していた。啓蒙思想の世紀の半ばには、海がエリートたちの不安をなだめ、文明の害毒を中和する自然との接触を回復させると期待されていた[9]。

こうした全体の流れにおいて風はどのような位置を占めていたのだろうか。第一の要請は、浜辺は健康によいにちがいない、浜辺の空気の質がきわめて重要だ、ということ[10]。これによって、ラッセルが理想的な保養地として選んだブライトン〔イングランド南東部〕の流行が説明できる。アンソニー・レルハン〔アイルランドの医者、一七一五―七六〕はブライトンを讃えるべく詠んだ賛歌において、「断崖は〔…〕海風を保ち、靄と霧を追い払う、体によい海のそよ風をまちがいなく独占する」と書いている[11]。時の流れにつれ、空気と風の質に対するこのような関心は大きくなり、一方、水の効能をめぐる言説は後退していく。重要なのは、よい呼吸である。それゆえ医者は女性に、水浴のあとの午後、砂丘で短い散策をするよう命じる。よい空気を吸うためだ。同時期に「空気療法」を信奉したスイス人の医者たちによる処方はこれと一致する。

イギリスでは、このような助言はとりわけ「病人」すなわち虚弱者に向けられており、多くの虚弱者が海辺へ治療に訪れた。幸いそのうちの一人、准男爵のタウンレーが、健康を取り戻すためにマン島〔グレートブリテン島西沖の島〕で過ごした一年間について綴った日記を出版した。この体感的感受の達人は、一七八九年の一年間、海の空気を吸うためにこの場所に来た。タウンレーの関心はまずもって空気と風の質に向けられる。毎日彼はできる限り明確に自身の感覚と精神に風がもたらす効果を説明しようとする。たとえば、タウンレーによると、風は「心地よい」、「穏やか」、「芳しい」、または「苦い」、「不快」である。何にもまして、「海のそよ風」を評価する。彼にとって一日のうちでもっとも気持ちがよいのは、しばしば沖合の新鮮な風に伴われ、「穏やかに囁き」ながら、潮が満ちるときである。散策の範囲は、つねに徒歩だが、広大だ。起床後、「満ち潮が浜辺にもたらす……新鮮なそよ風」を求めて、「碗一杯の海の空気」を吸いに出かける。というのが一七八九年八月四日の例である。タウンレーは呼吸にどれほど効果があるかを書き留める。それゆえ、食欲を増進させようと、早朝に窓を開けることを習慣としていた。

あらゆる点で準男爵タウンレーは新鮮さを好む。著書の最後で彼はマン島への賛歌を詠う。この「病人」はマン島に、強風から守られ、水浴に適した静かな入江や片隅を多く見つけていく。繰り返しておきたいのは、感情と結びついたこの方策において、これらの場所がきわめて重要な役割を担っていることだ。この方策には、香りや、聞きとれないほどの囁き、ごくわずかなそよ風のゆらぎに反応するような、存在全体による感覚の鋭敏化が想定される。

風が自己に及ぼす影響の記述

足跡を残した、つまり自己を語るエクリチュールを実践した、気象に敏感な個人の感情をより注意深く検証しよう。当然、ベルナルダン・ド・サン＝ピエールはこの分類に入る。すでに述べたように、彼の感覚は、気象現象の起源が遠くにあるという確信によって呼び起こされる。『自然の研究』においては「悪天候の愉しみ」と呼ぶものが強く主張される。たとえば、豪雨の中、「雨のざわめきに混じる風の囁きを耳にするとき。こうした憂鬱な音は、私を一晩じゅう優しく深い眠りに陥らせる」、という。自身の感情を説明しながら、ベルナルダン・ド・サン＝ピエールは次のように明かす。「人間は惨めだという私の感覚が、雨が降っているのに自分は安全な所にいるとわかり、和らいでいく。風が吹いているのに、私は寝床でぬくぬくとしているのだ、と。このとき私は消極的な幸福を味わう」。彼にとってはそれに、「遠くに聞こえる風の囁きによって、広がりをもった無限さながら、それらを知覚することが私たちの精神に大いなる歓びをもたらす神の属性」のいくつかが加わる。ベルナルダン・ド・サン＝ピエールはそのあと、画家と詩人が当時称賛していた一日の時間帯を並べて、この風の囁きを挿入する。すなわち、「暁、風の囁き、日暮れ、夜の闇」[12]。

風への注意深さが知られている気象に敏感な人々を、さらに他にも注意深くみていこう。シャトーブリアンは自身の人生に対する風の影響を『墓の彼方からの回想』で、また『ルネ』や旅行記で思い起こしている。「私は風と波の相棒のように育てられた」と書く。コンブール〔ブルターニュ地方の街〕の幼少時代、晩餐の際に、「風の囁き」によって耳に衝撃を受けた、と振り返る。十七歳のときには、姉のリュシルと散策していて、「私たちは葉の落ちた木々の間にそよぐ風の囁きに耳を傾けながら、前後に並んで歩いていた」。シャトーブリアンはあとの箇所で「私はいつも秋が好きだった。雨、風、氷霧が好きだった」と明かしている。のちに、自室で妄想する彼は、「北風のそよぎが私にもたらしていたのは官能の吐息にほかならない」と書いている。それから彼は「大きな森」に行き、「私から逃れる風を抱き寄せながら」あてどなく歩く[13]。

『ルネ』は小説である。とはいえ、これは自己を語るエクリチュールに属すといえる。イタリアから戻り、アメリ——すなわちリュシル——がパリにおり、独りブルターニュにいるルネは「私は風の中で彼女を抱きしめていた」と打ち明ける。「情熱が孤独な心の虚空に鳴らす音は、風と水が砂漠の沈黙に響かせる囁きに似ている……」と付け加えて。これに続いて、曰く「顔を燃えたぎらせ、髪を風に乱されながら」、ルネが長足で歩きつつ発するかの有名な「起き上がれ、望まれし嵐よ」がくる。最終的に、涙は「岩の上、風の中に撒き散らしたときに、そのもたらす苦痛を和らげ」たように彼には思われる。言うまでもなく、以上の部分にはオシアン〔古代ケルトの伝説的英雄、詩人〕の詩の影響が見出される。これについてはあとで詳しく述べよう。風への対峙は、嵐の音色や涙と同様、オシアン作品の典型である。それこそ、ルネが「嵐の月」を描く際に明らかにするものだ。「私は、風や雲、幻影に囲まれた戦士の一人でありたかった」(14)。

この上なく鋭敏な気象への感受性をもっていた二人のフランス人は、彼らの文章を読んだところでは、メーヌ・ド・ビランとモーリス・ド・ゲラン〔フランスの詩人、一八一〇―三九〕である。別の拙著で示したように、前者の『日記』に現れる、雨、風、晴天に関する日毎の記録は正確である(15)。彼が「懸案」と称するものによってつねに気を取られていたメーヌ・ド・ビランにおいては、空の状態が、撥剌とするか憂鬱になるかの気分を決定づける。

たとえば、一八一三年二月十二日は「晴天〔…〕、温かい南風」、その翌日は「雨。南西の風(嵐)。不安で落ち込んだ状態にて起床」。だが翌々日、二月十四日は「雨、風、穏やかな天気」。続く三日は風があることが『日記』に記される。メーヌ・ド・ビランはときに風の温かさ、冷たさを明記する。二月二十八日には、「冷たい風」、それゆえ「内面の動揺が長引く。いつもの自分ではないように感じる」と述べる。

同様の記録を並べ立てるとくだくだしくなるだろう。ときに、天候はより詳しく記される。たとえば一八一五年四月十四日、晴れているが、「冷たい風が吹いている［…］。空気は温もりを失った。もはや春の空気ではない。この変化［…］は私の知的機動力に影響を及ぼした。集中しているが、苦しくてほぼ仕事に手が付かない」。五月と六月を通して、メーヌ・ド・ビランはしばしば、雨を伴うときも晴天のときも、風のことを書き留める。六月十六日には、「変わりやすい、大風。一日中かなり調子が悪かった」[16]。『日記』においては、風のあるなしが部分的に気分や健康状態、思考や省察を左右している。

クロード・レシュレール〔スイスの文学研究者〕は、メーヌ・ド・ビランを特徴づけるものとして、変わりやすさ、断続、内的流動性、予測困難を強調する[17]。これらの特徴はすべて風の特徴でもある。この点に関して、『日記』の著者がベルジュラック地方の「医学的にみた体質」〔第一章参照〕をもっていることを記しておこう。この文学ジャンルにおいて風が重要なのは知っての通りである。

以上のことがメーヌ・ド・ビランの風の性質に対する感受性を示すのに対して、風の性質は省略的にしか説明されない。モーリス・ド・ゲランが空気の動きと結んだ関係はこれとは異なる。この若いロマン主義者こそ、風が自己に及ぼす影響をもっとも深く分析したと筆者には思われる。よって彼にはメーヌ・ド・ビランよりも多く語ってもらおう。

一八三三年五月二十三日、友人のレーモン・ド・リヴィエールに宛てた手紙でモーリス・ド・ゲランは自身の気象に対する敏感さを明確に定義している。

あいにく私の精神状態は気象の影響下に置かれている。もちろんわずかにだが。しかし、いかにわずかであってもこの気象の作用は、薄暗い日や雨の日、やはり私にとって負荷になる。空が朗らかになると心が軽くなり、安らいで、底知れぬ悲しみや憂鬱に勝る歓びへ導かれるのを感じる。(18)

風、というよりさまざまな風、「見知らぬ口のこれら素晴らしい息吹」――これが私たちの関心事である――は、身体の状態を決定づけるものである。モーリス・ド・ゲランは、彼が「自然の声」とみなすものが「あまりの影響力を私に及ぼすため、それによって強いられた習慣的な気がかりからなかなか解放されない」と打ち明ける。これに続くのは、崇高の定義といえる文章である。

嵐の叫びで、夜中に目覚めること、闇の中、夜の穏やかな支配を揺るがす粗野で荒々しい和音に襲われること、それは奇妙な感覚を伴う、何かしら比類ないものである。それは恐怖の官能なのだ。[19]

モーリス・ド・ゲランと一人の友人が「風の猛威」を体験した。モーリス・ド・ゲランは彼が「奇妙な闘い」と言いあらわすものを描写する。この闘いは、今一度、エドマンド・バーク〔アイルランド出身のイギリスの政治思想家、一七二九―九七〕とエマニュエル・カントによって先に定義されていた意味での崇高に属す。二人は「〔ブルターニュの〕断崖の突端に、風のエネルギーと猛威を受けて木の葉のように震えながら、じっとしていた」。「私たちは体を傾け、足場を広げてより有利に闘うために足を開き、頭上に留まらせるべく帽子を両手で押さえ込んでいた」。この「体長五ピエ〔一ピエは約三二・四センチメートル〕の二つの生き物は〔…〕風のエネルギーによって木の葉のように震えながら」「精神と自然が互いに向き合って各々の高みから立ち上がる、崇高な動揺と深い夢想が合わさった瞬間の一つ」を味わっていた。[20]

モーリス・ド・ゲランの作品中に現れる、風に関連した、また彼の短い人生を通して非常に深い意味をもつ気象の感受性のもとでなされた言及や述懐を挙げればきりがない。長過ぎるかもしれないが、なお瑞々しいこの精神にとりわけ強烈に風が引き起こしえたものを聞かせてくれる文章を引用したい。一八三三年五月一日の天候の描写である。

神よ、なんと悲しいことか。風、雨、寒さ［…］。今日私は、暴風によって猛烈に前へと追い立てられ、大きな柱になって次から次へと空中を駆けていく波しか見なかった。その同じ風が、どこかで得た、あるいは学んだ痛ましく不気味な唸りで私の周りを呻きまわる音しか聞かなかった。それは、家を揺さぶり窓という窓で陰気な予言を歌いながら空中に漂っているとおぼしき、不幸、災難、あらゆる悲嘆の吐息のようだった。この風は、いずれにしてもその神秘的な力によって私の心をたいそう悲しく揺さぶると同時に、外では自然をその物質的作用によって、またおそらくそれ以上のものによって揺さぶっていた。なにしろ、自然の各力の相互関係や相互作用の全範囲が把握されているかは誰にもわからないのだから。私は窓ガラスを通してこの風が木々に対し猛り狂い、木々を打ちのめしているのを見た。［…］この数日、私の心の奥底、その実体のもっとも内に秘めた、もっとも深い部分に、まったく奇妙な一種の絶望が生じている。それは見放された状態であり、神の関知しない闇のようである。神よ、なぜ私の休息は空気中の現象に惑わされるのでしょうか。なぜ心の平穏は風の気まぐれにこうも左右されるのでしょうか［…］。私は地上に吹くものすべてに弄ばれたのです。(21)

モーリス・ド・ゲランの文章は不当にも大衆から忘れられてしまったが、ヴィクトル・ユゴーの文章と並んで、風やその自然への作用、その精神への影響について書かれたもののうち、もっとも魅力的な文章であると私は思うに至った。これらの文章にきわめて重要な情報が含まれていることを忘れてはならない。風を不可侵の謎にしているもののことだ。

第四章　風の新たな体験

破壊する風

一七八八年七月十三日日曜日、人の記憶にある限りで西ヨーロッパに吹き荒れた嵐のうち最大と呼ばれたものが、トゥール〔フランス、パリから南西約二百キロメートルの街〕からオーストリア領フランドル〔現在のベルギー〕まで一続きの帯となって広がった。嵐は南西から北東に向かって凄まじい速度で移動していた。トゥーレーヌ〔トゥールがある地方〕で六時三十分に確認され、ランブイエ〔トゥールから約二百キロメートル〕に八時、ポントワーズ〔ランブイエから約五〇キロメートル〕に八時三十分に到達した。繰り返すが、このような災害の科学的な分析は当時まったく存在していなかった。

一七八八年七月十三日の嵐はまごうことなき攻撃を仕掛けてきた。科学アカデミーの会員であり、この件の報告を行った主要執筆者のうちの一人であるアンリ＝アレクサンドル・テシエは、風を災害の主な要因とみなしている。

風は、予定された計画に従うようにみえるのだが、目に見えない悪質な人物のごとく現れる。この人物はすべてを引き連れ、すべてを支配し、すべてを巻き込んだ。旋回し、雲を掻き回し、木々を捻じ曲げていた。そこから考えれば、風はさまざまな方向に吹いていた[…]。深い渓谷や高地、森、大河川、とくにロワール川とセーヌ川を越えて行き、それまでほとんど雹の降ったことがない地域に雹を降らせることになった。

すべてが埋もれ、切り刻まれ、傷めつけられ、根こそぎにされた。屋根は剥がされ、窓ガラスは割れ、牛と羊は死ぬか負傷するかした。果実は落下し、野菜は切り刻まれ、鳥や羊までも死んだ。(1)


この「嵐」はある地方を「荒廃」させ、「破壊」した。それは「まさしく黙示録」のようだ。風による「攻撃」はとくに城に被害をもたらした。城が豪華であるほど、その破壊は際立った。たとえばランブイエ城に関してはとくに証言が残っている。一万一七四九枚の窓ガラスが割れ、屋根瓦とスレートは「砕かれ」、棟木は「壁の塗壁材の中を転がった」。

当然、一七八八年七月十三日の嵐はのちに、フランス革命の象徴化の過程において、その前兆とみなされた。革命は「自らの力の作用によって生じ拡大していく嵐のような混乱」と受け止められたからである。(2) 大恐怖〔フランス革命初期に起こった農村一揆〕は、その進行の仕方が似ていることから大嵐に結びつけられた。

アヌーシュカ・ヴァザクはより丹念にこの出来事を分析している。ヴァザクによれば嵐は、空間の別のあり方と、もはや安定した堅牢な事物は存在しないという考えをもたらしたようだ。「城の窓ガラスが粉砕されたことは、哲学と物理学が現実を、その根本的な無秩序を認識しつつ理解し始めた時代に、世界秩序の瓦解をあらわしていた」と彼女はいう(3)。「荒れ狂う風」の役割、すなわち住民全体に反して風が土地を侵略することは、私の考えでは、当時何度となく画家によって描かれた海上の嵐よりも、いっそう強い、現実的な、象徴的で形而上的な影響力をもっている。

航海者の記述

十八世紀後半にはいくつかの大航海が行われた。当時は風を捕らえるための帆を備えた帆船が用いられた。ということは、大航海はこの理由だけで本書の中心に位置づけられるべきかもしれない。だがそうはならない。大航海の物語は、例を挙げれば、アントワーヌ・ド・ブーガンヴィルのであれ、ジェームズ・クックのであれ、たえず風や風によって強いられる航海術に言及しているが、そうした文章は、風が理解されていなかったこと、貿易風といくつかの局地風を除いて風がほとんど知られていなかったこと、また方向や風量を測る器材の使用にもかかわらず、仮にも彼らが風を理解したいとはまったく——あるいはほとんど——望まなかったことを示している。この時代、地図を読むことは何より、危険の際に避難できそうな場所の位置を見分けることを目的としていた。

語られていることは風との接触といえる。すべての航路を支配するのは、それを可能にするにせよ不可能にするにせよ、風である。船はことごとく風次第であり、風によって出港準備の時が決まる。風の性質について、風がもたらす可能性のある危険についての記憶が、辿るべき航路に重大な影響を与える。周航中は「突風」さらに暴風を恐れなくてはならない。「逆風」または「向かい風」には進行を妨げられ、ジグザグ航行を強いられる。反対に船乗りたちは凪を、そして風が「送る」とき、「風に乗る」ことができるような「順風」または「追い風」を歓迎する。

航海の際、風によって、帆を風の性質に合わせるためのはなはだ複雑な索の操作が必要になる。しかしこの時代まで航海の革新は、もっぱら船舶と帆の技術的進歩によるため、限られたものであった。当時の航海者たちの記述によれば——これからみていく、風の想像世界を映し出す多くの文学作品から確認できることとは相容れないが——唯一特筆すべき変化があった。航海者たちは風をあらわす古典文学の固有名詞を放棄したのだ。もはやボレアス〔北風〕、ゼピュロス〔西風〕、エウロス〔東風〕、ノトス〔南風〕とは言われなくなった。

ここまでの時代では、航海者の記述の読者は、繰り返される操作の話に多く割かれたページを長々と辛抱強く読む羽目になる。したがって、そこでは風の新たな体験を見出すことはできない。十九世紀を通じて、たしかに快走船〔貿易用の帆船〕の進歩は明らかだが、にもかかわらず、本書の関心事については新しいことはほとんどもたらされなかった。

一七六七年および一七六八年、いかにしてマゼラン海峡に差しかかったか、ブーガンヴィルが語るのを聞こう(4)。風への依存、風の具合がいかに船乗りたちを翻弄したかなど、すべてが揃っている。一七六七年十二月二日。

> ビルヘネス岬およびまもなくしてティエラ・デル・フエゴ〔南アメリカ南端の諸島〕を過ぎた二日午後以降、続く数日は向かい風と荒天によって悩まされた。まず我々は三日までジグザグ航行していたが、晩の六時になって風が船尾に回ったおかげでマゼラン海峡の入り口まで到達した。[…]七時半、完全に風が止み、沿岸が霧に包まれた。十時には冷え込み、

我々は夜じゅうジグザクに進んだ。四日朝三時、北からのよい雄風によって陸へ向かって航行した。

一カ月後、嵐が来る。

［一七八六年一月］二十一日から二十二日にかけての夜、一時凪があった。風が、その激しさを丸ごと集中し、より激烈に襲いかかるために、我々にこの休息時間を与えていたように思われる。突如、荒れ狂った暴風が南南西域から起こり、もっとも古株の船員を驚かすほどに吹きつけた。

〔海事の〕記憶に基づいた表現を挙げておこう。

二隻の船が進んだ。大きな錨を濡らし〔投下し〕、ロワーヤード〔最下段〕とトップマストを連れてくる〔降ろす〕必要があった。ミズンマスト〔最後尾〕は絞り綱へ持って行かれた〔畳まれた〕。この暴風は幸い長く続かなかった。二十四日、天候回復。

ブーガンヴィルはこうした波瀾を経て、要するに、南アメリカ南端の岬を越えるには、ホーン岬よりもマゼラン海峡を選ぶべきであると結論した。

気球は「風の吹くままに」

一見すると、これまでに指摘した理由すべてによって大気が流行していたこの十八世紀末、風の新たな体験の主たるものは気球乗りの体験だったように思われる。[5] 実際のところ、話はいささか異なっていた。

飛行船が登場する前まではたしかに、それも長い間、気球を運んでいたのは風だった。慣用句にあるように、気球は「風の吹くままに」運ばれる。よって、気球乗りは海上を航行する者よりもいっそう、自分の体験を決定づける要因として風を感じる。だが、初期の空の冒険者たちの記述によれば、唯一重要なのは、それまでまったく知られていなかった空気の海洋——アレクサンダー・フォン・フンボルトがごく部分的に言及し、説明している——の中で移動することである。大昔からあるイカロスの夢は、それまで実現されたためしがなかった。空中の航行というまったくの新機軸は、感情を引き起こすものとして、風の存在やその分析に勝る。

さらに、この啓蒙主義の世紀の終わり、虚空は必ずしも否定的に受け取られなくなった。(6)虚空は文明の過剰から人間を回復させると考えられ、虚空そのものとして観照されるようにもなった。この視点では、空中の移動はまず、「虚空、活気づいた空虚との対峙」である。また風に向けられた注意は、虚空に向けられた注意に及ばない。地上の景色が消え去ったときには、飛行は目印なしの移動になったのだからなおのことである。それに対して、陸上でも海上でも、移動というものは指標によって、とりわけ風の方位からもたらされた指標によって進められていたのだった。つまり、空の非物質的な性質は移動の感覚を失わせ、「まったき無限の中に自らを見失った」ように思わせた。「際限の無いしなやかさ」の感覚は、移動の動力すなわち風を忘れさせた。さらに、初期の気球乗りにとって、飛行はいくつかの例外を除いて、空を神格化する思考との決別であった。

忘れてはならないが、空中を移動することには宗教的なものと科学的なものの交錯があった。たとえば気球乗りの中には、完全な非物質的空間に入り込み、気球によって「物質的存在が無限へ入ること」が許されたかのように、地上と天国の間にいると感じた、と言った者がいる。(7)だが同時に気球飛行は、宇宙と地上の空との間に天の穹窿が存在しないという事実を確証していた。

以上のことは、気球に乗った人々によって初期の気球飛行後に語られた感情を説明している。新たな仕方で風を感じた印象よりも、地球の眺め、地上で発見されるものの眺めの方がまず魅力的だった。広大な眺望の観覧者である気球乗りは、天上の孤独、夜の沈黙、無音の移動に驚いたという。

他に、初期の気球乗りによって語られた主な感情は、内面の感覚に関わる。まず、のちに空気の薄さに起因すると判明する、いくらかの高揚感がある。気球飛行によって、鼻が地上の瘴気から解放され、信じられていたところでは宇宙とよりよく調和し、異なる呼吸方法を行うようになる。空中や高度の高さに見込まれた療養の効果を忘れないでおこう。上昇するにしたがって空気は純度を増すと考えられていたのだ。さらに、気球乗りが認めていた、寒さへの耐久性が説明された。気球に乗っている場合は風と同じ方向に移動するのに対し、山の高地では向かい風に当たることが多いからである。

また別の事実が私たちの関心を引く。空気の新鮮さと質は、気球がつねに動いていることによって保証される。空中の移動は、とくに皮膚が感じる感覚によって気力回復の作用をもたらす。要するに、気球乗りたちの記述において強調されるのは、空の道徳的純度と物理的純度の混同、そして、つねに動いている空気の海洋が身体と精神を浄化するという考えである。

とはいえ、上昇は身体の異常を伴わずにはいなかった。初期の気球乗りは、ある高度を超えると酩酊、眩暈、呼吸困難を感じた。十九世紀半ば、ポール・ベール〔フランスの医者、生理学者、一八三三―一八八六〕が、高度が招く弊害を説明しようとしていた。彼は、これらの症状の原因は酸素の不足であると証明した。

ところで、初期の気球はたちまち空中の非常に高いところへ到達した。はや一七八三年十二月一日には気球は三千メートルに達する。一七八五年、五千メートルを超える。こうした快挙は高さへの強迫観念を解消し、空中の攻略、万物の基本要素に対する挑戦、虚空への対峙といった欲求を満たした。

空気の海洋に入り込み、指標もなく、気球乗りは完全に空気によって支配される。風に身を任せ、自らを見失ったように感じる。そこから、ときに神聖とも思われる沈黙を伴った静謐と平穏という印象が生じる(8)。

フランスでは一八七二年、カミーユ・フラマリオン〔フランスの天文学者、一八四二―一九二五〕による『大気　大きな自然現象の解説』の出版が一つの転機をもたらす。一般向けに書かれた彼の著作のおかげで、大衆は気球で得られる感覚を知ることができた。概して、十九世紀後半

の気球乗りの証言は、先駆者たちよりもより明確であると同時により雄弁である。さらに、個人の体験が増える。(9)

たとえばギイ・ド・モーパッサン〔フランスの作家、一八五〇—九三〕は一八八七年と一八八八年の夏、二度にわたり、「ル・オルラ」と名づけられた気球に乗り込んだ。モーパッサンは、一度目はベルギー方面、二度目はパリ近辺で行われた、彼が「空中遠足」と呼ぶものを語る。(10)本書の主題に関して、ここに何を見出すべきだろうか。「空飛ぶ籠」に乗る旅は「風の奴隷」になることだと考えて嘲笑的なエミール・ヴェラーレン〔ベルギーの作家、一八五五—一九一六〕に対して、モーパッサンは言葉少ない。気球での移動中、「何も感じない。漂い、上昇し、進み、滑空する」。なにより、風によって引き起こされた印象が何も語られていない。だがもちろんこの機会に、記者兼作家であるところのモーパッサンは次のように自身のさまざまな感情を伝えている。「深い、未知の安らぎ」「果てしない、忘却の、ごく超然とした休息」「無音の、揺れのない、振動のない」動き。

ともあれ、大河や川の帆船での航行に親しんだ者は、風を忘れきってしまうことはできない。モーパッサンは風に関して断定的に要点を述べる。気球を定義して、「それは自由で従順な、驚くほど小回りのきく巨大な遊び道具である、だがまた、第一に風に振り回されるものであり、人は御しえないと書く。それからモーパッサンは風を忘れて高揚する。「非常に心地よく脱力して、空間を超えて行く。私たちを運び、私たちをそれ自身と似たものに同化する空気は、ものを言わず、陽気で、気まぐれな存在である」。「もはや後悔も計画も希望もない」。

帰路、モーパッサンは風に再び触れる。気球は風と同じ速度で進むのだが、地上近くでは気球の速度を落とすことができ、風が感じられるようになった。「そして今や私はゴンドラの外に身を乗り出して、木々を抜け、積み藁の上をかすめる大きな風の音に耳を傾ける……。私は機長のジョヴィ〔彼を冒険に誘い出した〕に「なんて凄い風だ！」と言った」。反論され、「私〔彼〕は頻繁に綱の間を吹き抜ける風の音を聞いたことがあり、風というものをよく知っているこの耳に自信があるから、そうなのだと繰り返した」。

気球に乗って体験する風についてのこの証言によって、これまで述べてきたことが確かめられた。風は気球の主要な動力だが、沈黙と円滑な動き、流動性、純粋さにおいて風は忘れられがちである。地上付近に至ってようやく再び騒がしく恐ろしい風音が戻ってくる。それは荒れ狂う海の風のように、沈没と死を予告するようだ。

砂漠の砂風

砂漠に吹く砂風は古代から知られていた。たとえばヘロドトスが砂風に言及している。一七三〇年、ジェームズ・トムソンが『四季』の夏の説明において、一ページにわたり印象深いかたちで砂風を記した。[11] だが十九世紀に初めて、砂風の強烈な体験をし、それを語る旅行者が多くなった。おおかた、北アフリカ、とりわけサハラとエジプトが砂風と出会う舞台であった。ルネ・カイエ〔フランスの探検家、一七九九—一八三八〕は、トンブクトゥを目指したかの有名な旅行の間に何度も、途次の地域で「砂風」と呼ばれるものに遭遇した。彼は次のように書く。一八二八年五月二十三日、激しく吹いていた東風が、

持ち上げた砂の塊の下に私たちを呑み込みそうだった……。その恐ろしい一日のうちで私たちをもっとも不快にさせたのは、砂の竜巻だった。その経路上ではたえず呑み込まれる脅威があった。とくに砂の竜巻のうち一つは他に比べてきわめて大きく、私たちの野営地を通過し、人間を草きれのように振り回しながらテントすべてを転覆させ、私たちは乱暴

に倒されて互いに重なり合った。自分たちがどこにいるかもわからなくなっていた。一歩も離れていない距離でも何も見分けられなかった。砂は霧のように濃く、私たちを黒い闇で包み込んでいた。空と大地は混じり合って一体になっているようだった。

この自然の激動の間、皆が茫然自失の状態だった。四方八方からただ呻き声が聞こえていた。多くの者が神にすがり、力の限り叫んでいた。

神は一人しかおらず、ムハンマドはその預言者だ！　こうした叫びや祈りと風の唸りの中、ときおりラクダのくぐもった、恨めしそうな呻き声が聞き取れた［…］。この凄まじい嵐が続いた間じゅう、私たちは地面に伏し、身動きせず、砂に焼かれ、風に打たれて、死ぬほど喉が渇いていた。少なくとも、酷熱の太陽に苦しむことはなかった。その円盤は砂の厚いヴェールにほとんど隠され、朧《おぼろ》で光を射していないようだった(12)。

この「おぞましい旋風」は三時間続いた。

オリエンタリズムの巨匠の手にふさわしいその情景は、旅行者によって残される数多の砂風の話によって色褪せることはなかった。この、砂による、砂の中での沈没の脅威には、海の災害でしばしば描かれる人間の反応がみられる。この場合は風が悲劇の唯一の要因であることだけが異なる。

サハラは当時アラーの力があらわされる土地だった。ギイ・バルテルミ〔フランス文学研究者〕が指摘するように、砂嵐の情景は、「砂漠の極端な地質」――ピエール・ロチがのちにこう言いあらわしている――によってそれ自体が極みに達している舞台背景との、調和の極みに達する出来事である。明らかに砂漠と砂嵐は超越するものの別の姿であり、その存在を主張するのだ。ヴァスティタス（vastitas）〔ラテン語で、荒涼とした広がり〕、虚空、沈黙、奇妙さを持ち合わせる砂漠は風のおかげで、茫洋と永遠を思わせる枠組みとして、神の声を聞く格好の場所になった。

ギイ・バルテルミは次のように述べる。砂嵐は「砂漠の多様なあり方を示すが、それは神が多様だからだ。神は風のそよぎとなって、魂に語りかける」。「この風が激甚化して嵐になると き、旅人は、神の顔《かんばせ》を拝みたいと望む人間が冒す危険に等しい危険を冒しているのだ(13)」。

砂嵐をめぐるこうした神秘志向の形而上学的な解釈は、パリの音楽界にも見出される。一八四四年のフェリシアン・ダヴィッド〔フランスの作曲家、一八一〇―七六〕による「砂漠」と題された交響曲による頌歌がその例である。

おまえたちの顔を覆え！
火の風シムーン〔砂漠に吹く乾いた熱風〕が
神の天罰のごとく吹く。
アラーよ、信じる者にお赦しを！
アラーよ、敬虔な心にお力添えを！
もはや天国は存在しない――アラー、アラーよ！
地獄が我らを押しつぶす[14]！

十九世紀の作家が残した多くの砂嵐の話のうち、フランスの読者にとって際立っているのは、エジプトのクセイル砂漠に起こる、垂直に旋回する大きな雲であるカムシン（シムーンと同じ性質の風）の話である。フロベールがそれについて一八五〇年に書いた話は一種の「感覚日記」である[15]。

暑い——私たちの右側に、ナイルの方から来たカムシンの旋風が近づいている——［…］。旋風は大きくなり、こちらに向かって進んでくる。それは聳え立つ巨大な雲で、私たちを包み込む前に、頭の上に張り出してくる。その根元は右の方で「まだ」遠くにあるのに——旋風は赤茶色——と薄紅色をしている——私たちはそのさなかにいる［…］。私は何かしら恐怖と強烈な讃美の感覚が背筋を駆け上がっていくのを感じる——神経質な薄笑いを浮かべる。私はきっと真っ青になっていたが、私はこれまでにない快感を味わっていた——一行が通り過ぎる間、ラクダたちは地面に足をつけず、張り出た胸によって船の動きで進んでいくように私にはみえた。

そして少しあとで、

南部から熱い風が来る——太陽は茶色い銀盤のようだ——二つ目の竜巻が私たちに追いつく——それは、根元では全体に黒を基調とした煤の色をして、火事の煙のように進む——進む……進む……下が螺旋状に膨らんで、大きな黒い縁飾りのついた幕が私たちに追いつく——私たちは包まれた——。風が非常に強く吹きつけるので、落ちないように鞍にしがみついている。小石の雨が風によって勢いを増し、突風のもっとも激しい瞬間が過ぎたとき——ラクダたちは尻の向きを変え、立ち止まり、しゃがみ込む。

ここで問題なのは、形而上学的な演出法ではない。フロベールの体験ではむしろ、焦点になっていることは崇高に近い。旋風の猛威とその聳え立つ大雲の感覚は、旅行者にとってこれまでにない未知の歓びを味わう機会だった。さらに、ルネ・カイエによって書かれた、野営地が被害を受けた物語とは異なり、フロベールの手帖が語るのは、ラクダの背に乗って巡る隊商のただ中にいて被った砂嵐の体験である。よって動きを喚起する記述が生まれる。

十九世紀半ば、シムーンが一般大衆に飛躍的に知られるようになったのは、ジュール・ヴェルヌの小説『気球に乗って五週間』が出版されたときだった。その成功は華々しかった。たとえばクルーズ県〔フランス中部〕の教師たちが行った一八七七年の調査によると、この小説はリムーザン地方の学校附属図書館で読者にもっとも好まれた作品だった。気球の乗り手たちによって二度知覚され、体験されるシムーンは、すべてのエピソードが風の方向と強さの変化によって決まるこの作品で明確に描かれている。

気球乗りたちの下で「ある嵐の日、草原がしけた海のように暴れていた。砂の波が厚い埃の中で互いにぶつかり合って砕けていた。巨大な柱が超高速で旋回しながら南東からこちらに向かっていた。太陽は、その並外れて大きな影がヴィクトリア〔気球の名前〕まで伸びている暗い雲の後ろに消えかかっていた。砂粒が液状分子のようにやすやすと流れ込み、その満ち潮は少しずつ進出してきていた」。「シムーンだ！ とファーガソン博士が叫んだ」。乗員たちが砂袋を捨てると、気球はシムーンの上方に上がり、「猛烈な速度でこの泡立つ海の上へ引っ張られた」(16)。まぎれもなく、ジュール・ヴェルヌは旅行記を渉猟し、砂嵐がどのようなものかを数多の読者に知らせたのだ。

砂漠は風と砂が結びつく唯一の舞台ではない。情動に関わる気象のエピソードのいくつかが、コッド岬を探検した際のヘンリー・デイヴィッド・ソローによって記されている。ソローによれば、この小さな領域では至るところ風が吹いている。風は家々の周囲にあるものを剥がしてしまい、砂を岩に打ちつけ、波を帆のように膨らませる。風の存在はプロヴィンスタウン〔アメリカ東部、コッド岬にある街〕でとりわけ強烈で、「砂漠」と呼ばれる区域ではなおのことである。ソローは自身の経験の一つを語る。

この砂漠に吹いていた風はシロッコでもシムーンでもなく、ニューイングランドの古きよき北西風であった。[…]気候がよりいっそう乾燥して風が——それが可能なら——さらに強まるような日に、この風に立ち向かわねばならないことがどういうことか、空気を介して移動する砂丘と真っ向から対面することがどういうことか、が想像されたであろう[…]。九尾の猫にではなく、それぞれの先端に棘のついた一万尾の猫に鞭打たれることがどういうことかが。(17)

ソローを惹きつけるコッド岬の明らかな魅力は、まず風と海、次に岩と砂に由来する。この点でソローは、西洋ではロマン主義の最後の火が勢いづき、またアメリカ合衆国ではエマソンを主導者とする超越主義が席巻していた十九世紀半ばに幅広く浸透した趣向をあらわしている。

樹海の風

十八世紀後半にかけて、バーバラ・スタフォード〔アメリカの美術史家〕が『実体への旅』と題したものの体験、すなわち、植物の形態を通した、野生の、異国的な、驚くべき自然への旅が展開する。(18)そこで際立つのは熱帯雨林とそれが引き起こす情動である。この、エキゾチックな自然の新しく壮大な体験は、たとえば科学者ではアレクサンダー・フォン・フンボルトや少しあとにはチャールズ・ダーウィンによって道筋がつけられ、十九世紀末にアメリカ極西部の最果てで行われた探検――調査――によって引き継がれた。この時代背景において、つまり大公園が現れた時代においてこそ、超越主義の継承者であり、また芽生えつつあった環境保護運動の草分けともみなされる人々が、巨木の森へ風の音を聴きに行ったのである。ジョン・ミュア〔アメリカの作家、植物学者、一八三八―一九一四〕はそうして、ヨセミテの森で風の種類とそれらの起源、変遷、とくに言葉、香りを調査したもっとも偉大な人物となった。ミュアは、先に触れた聴き取りの試みを極限まで押し進めた。よって、比類なき熱意をもつこの冒険家は、風に引き起こされた情動の歴史の第一人者とみなされるべきであろう。

　ミュアは一八六八年から一八七二年の五回の冬をヨセミテ渓谷で過ごした。彼の目的は「風を見ること」であった。彼は次のように請け合う。

> 概して、人々は山の河川を見るのを好み、それを念頭に置いているが、それよりずっと美しく、より崇高であるのに、風を見ようと気にかけている人はごくわずかである。ところが風はときに流れる水と同じくらい目に見えるものなのだ。冬、北風がシエラネバダ山脈

の丸みを帯びた頂上に吹きつけるとき、そのものは一キロメートル以上の雪の幟という形をとって目に明らかになる。これら物質化した風の部分が完全に不可視であり続けることは、どんなに未熟な想像力であったとしても、まずありえない(19)。

風の声が、とくにある種の状況では、一連の自然の物音に加わる。たとえば秋、風の溜め息はそれまでよりもさらに弱まり、「風のかすかな「ああ」が耳にもやもやとした音色を空じゅうに響かせる」。だが「冬が突然、嵐を連れて来る［…］。このとき、木々の高方から、巨人どうしが語り合うような奇妙な囁きが聞こえる」。そのとき吹き荒れる風が、嵐の壮大さをなす。それはとくに、ジョン・ミュアが強調する突風によるものだ。彼はユタ州で、こうした「突風」によって特徴づけられる、自らが証人となったもので最大の嵐を体験した。

ある日の午後四時半、焦げ茶色の雲が現れた。

数分後、それは荒々しく轟きながら渓谷を縦横無尽に駆け巡り、砂と埃を含んだまさしく風の奔流が、荘厳な断崖に沿って巨大な波のように転がり砕け散る［…］、折れた木々、埃の布、動くものすべての狂奔が、かなりの可視性を風にもたらし、それによって風は印象深くなり、情感を刺激していた[20]。

ジョン・ミュアにとって、嵐の風は「きわめて誠意ある、きわめて快い仕方で自らの善行を」施す[21]。

彼が感じた最大の歓びは、風と森を結びつけるものを確認することである。それは木の種類ごとに詳細に語られる。彼は次のように書く。

愛によってこそ風は、森の力と美しさを育むため、惜しみなく森の世話をやく。風の影響はあまねく広がる。風は木の一つひとつに個別の関心を寄せ、葉一枚、枝一本、萎びた幹一本――どれ一つとして忘れない。風はそれらすべてを探し、見つけ出し、優しく撫で、官能的な戯れのときにはたわめ、成長を促すように刺激を与え、必要とあれば葉や枝を落とす[22]［…］。

どのような解説もここでは蛇足であろう。だが、ジョン・ミュアの情熱はこれにとどまらない。「森の中の音にだけでなく……、水流に似た、木々の動きによって示される、風の非常に多様な流れにも、つねに何かしら深く感動的なものがある」[23]。それは木の種類によって異なる。実際、「風に揺れるさまざまな木々の身振り」は、「素晴らしい研究対象」になる。たとえば、一八七四年にシエラネバダ山脈を散策しながらミュアは次のように書きつけている。

> リスの尾のようにふさふさと軽い、若いサトウマツはほとんど地面につくほど曲がっていた。一方、すでに百の嵐を耐えた重厚な幹をもつ古老は、その上で威風堂々とうねっていた。長い枝が悠々と突風に身を任せてたわむ一方、一つひとつの針葉は細かく震え、響き、ダイヤモンドの輝きと同じくらい眩しい光線を投げかけていた[24]。

これに続いて、ベイマツ、ウエスタンホワイトパイン、イチゴノキを特徴づける、風の中での振る舞い方が述べられる。ジョン・ミュアは、この音色と「情熱的な動き」に夢中になるのだ、と断言する。専門家としてのミュアは、各々の木が「個々の表現方法をもっている」と主張している[25]。

ジョン・ミュアの眼差しと聴く耳に浸透した宗教的精神はとりわけ、風によってひねくり回されるウエスタンホワイトパインについての記述に現れる。

高さ六〇メートルのこれら巨大な釣鐘が、まるで祈るように詩篇を詠唱し拝礼をしながら、しなやかな金の鞭のごとくうねっていた[…]。風の力が甚だしいあまり、彼らの王[…]は、寄り掛かるとはっきりと感じられる動きで根まで振動していた。自然はそこで盛大な宴会を開き、もっとも剛健な巨人が歓びと興奮に全神経を震わせていたのだ。(26)

巨大な植物への独自の感情は、風の襲来に対する反応にとどまらない。風は空間にある音楽とさまざまな香りを運んでくる。ジョン・ミュアは、後述する木の上の小屋から「静かに、樹脂を含んだ枝が互いに擦れることで、また何百万の針葉がぶつかり続けることで［…］生じるこの上なく快い香りを堪能していた。風は非常に強いスパイスの効いた香りを含んでいた。また、その地の香りに加えて、より遠くから運ばれた香りの痕跡もあった」。実際、吹いていたのは、海の「新鮮で塩気を含む波」に触れ、セコイアの間をすり抜けて来た風だった。「シダで満たされた豊かな峡谷に」潜り込み、広がり、「花々がちりばめられた尾根」の上を波打っていた風である。要するに、「大まかに、あるいは詳細に、風を解読できるということだ、風は触れてきたすべてのものをはっきりと示しており、その香りだけでどこを通って来たかがわかる」[27]。ジョン・ミュアは最後にすかさず、陸を前に、風によって船乗りまで運ばれる匂いにまつわる紋切り型に触れる。

この森の探検家の経験は、本書の観点では、シエラネバダ山脈で高さ三〇メートルのウエスタンホワイトパインに登ったことで佳境を迎える。ミュアの目的は、彼が「我が素晴らしい展望台」と呼ぶ場所で感じられる、風の独特な音楽を楽しむことであった。彼は、高所にあるマツの針葉が奏でる風の音楽を感じ、味わいたいと熱望していた。ジョン・ミュアは、森でこの風の音楽をつくり出す音を詳らかに記す。

葉の落ちた枝と幹の深い低音が滝のように唸る中、マツの針葉の敏捷で緊張した振動が、ときには鋭い笛の音にまで高くなり、ときには絹の囁きにまで低くなった。谷では月桂樹の木立の擦れる音と葉どうしがぶつかり合う機械的な音――耳をそばだてれば、それらすべてが聞き分けられた[28]。

展望台で二時間過ごしたのちジョン・ミュアは、自然の中では植物からいかなる危険の表明も、あるいは非難の表明もなされることはない、と納得した。森の風は、恐怖からと同じくらい歓喜からもかけ離れた無敵の狂喜を引き起こす。[29] この体験によって森の勇士はダーウィンの理論に異を唱え、「普遍的生存競争」の考えを完全に否定するに至る。

ジョン・ミュアの歩み、とくに彼が感じ、書き記したような感情をよく理解するためには、記憶の衝撃を受けたことをふまえなければならない。ヨセミテ滞在はスコットランドで過ごした青年期に結びつけられる。この時期について彼はかなり遅く、一九一三年になって『幼少期と青年期の思い出』で振り返っている。ある日、ヤシとブドウの木を通り抜けてきた海のそよ風が「千の眠れる結びつきを解放し、その間に流れた年月がまるごと消えたかのように、私をスコットランドの少年に戻した」と打ち明ける。[30] これは、マルセル・プルーストが小さなマドレーヌを思い出すはるか前に、どんな瞬間であろうと、過去の時間を突如現在に蘇らせる、記憶の衝撃という体験を書きあらわそうとした作家たちの長い系譜に連なるべき告白である。

第五章　聖書の風の想像世界がもつ威力

風の想像世界の礎

風の想像世界は何世紀にもわたり、とくにルネサンス以降、風の説明できない部分を補ってきた。西洋では、その土台は聖書のいくつかの文章とギリシア・ローマの神話である。これら基礎となる要素はその後、文学史を彩る主な叙事詩に受容された。この重要な文学作品全体をなおざりにすることは適切な方法といえないだろう。しかしながら、知っての通り、叙事詩の熱烈な讃美は二十世紀半ば以降、中等教育からも教養ある市民に読まれる作品からも消え去った。

ところで、歴史家が冒す大きな危険は心理的な時代錯誤である。今日、ギリシア・ローマや聖書に着想を得た叙事詩が非常に重要だと主張することは滑稽に映る。しかし風の歴史に関心をもつ者にとって、ホメロスやウェルギリウス、ミルトン、クロプシュトック〔ドイツの詩人、一七二四—一八〇三〕、タッソ〔イタリアの詩人、一五四四—九五〕、カモンイス〔ポルトガルの詩人、一五二五—八〇〕、ロンサール、より下ってオシアンやトムソンの『四季』をないがしろにしては、何世紀にもわたって風の想像世界を導いたものが何か、まったく理解しないことになるだろう。

それこそ本書で複数の章が構成する内容である。

旧約聖書

聖書、とくに旧約聖書における風の存在を扱うことは非常に難しい。この分野では、物語がしばしば神の存在と風の息吹を重ね合わせているため、すべてが精妙に両義的だからだ。とはいえ、風に関わる表現は数えきれないほどある。忍耐強く、また一定の方法にしたがってそれらをみていこう[1]。

創世記によれば、世界が創られ、光が創られる前に、「神の風が水の表面を揺らしていた[2]」。これが聖書における風の前史である。しばらくして、洪水が終わるとき、「神が地上に風を吹きこむと、水の膨らみが収まった」。その後、聖書の文章では密雲が重要になる。雲は風と混同されることはない。このようにして神とモーセのシナイ山での邂逅がなされる。

列王記の上編で神とエリヤの間に起こることは、本書の視点からは解釈がより難しい[3]。神は預言者に山にいるよう命じる。「そしてここをヤハウェ〔旧約の神〕が通り過ぎる。大嵐が起こった。その勢い甚だしく、主の前で山々を裂き、岩を砕いていったが、主は嵐の中にはおられなかった」。地震と火事も同様に、神の存在を示す「かすかなそよ風の音」に先立って起こった。このことから信者は、神が存在するのは世界の喧騒や猛威の中ではない、と考えるようになる。

ヨブ記には神の力を知らしめる場面がある。雨、霧、雲、密雲、稲妻、雷鳴への暗示はなされるが、風へはない。ただ、「東風が、罰を受けた者ツォファルを持ち上げ、住まいから離れたところへ運び去った」と書かれているだけだ。[4]

詩篇の作者はより多く語る。[5] 詩篇には、「風が運び去る」という一連の言及がみられる。不信心者に対して、神は「暴風」を吹かす。詩篇一八では、ヤハウェが降《くだ》り、飛び、「風の翼に乗って滑空した」。「主が到来し、その鼻孔に発する息の風によって[…]世界の礎が示された」と書かれている。ここでもまた、風が神の息吹、つまり創造の先触れとみなされている。同様に、詩篇五〇では、神が到来し、「その周りには旋風が吹き荒れている」。ここまでは、ヤハウェの存在が明確になるときに風が現れていた。それが砂漠を越える旅を語る詩篇七八では異なっている。今度は――洪水の終わりと同様――風は命じられて動く神の道具である。

主は天から東風を起こし
御力をもって南風を送った

詩篇一〇四にはこう書かれている。

密雲を自らの車とし
主は風の翼に乗っていく
風を伝令とする

本書の主題により大きく関わるのは詩篇一〇六である。神は嵐が荒れ狂う中、人間を、とくに航海者を救い、すべての脅威を取り除く。

主は仰せになり、旋風を巻き起こして波を荒立てた。船に乗る者たちは天に上がり、深淵に落ちていく。彼らの脆い小舟はくるくると回りぐらつく。彼らはヤハウェに向かって助けを求めて叫ぶ。主が旋風を沈黙させ、波は収まった。

この文章は、イエス〔新約の神〕が水を静かにさせる福音書の一場面を予告している。

ヤハウェは詩篇一三五において、恵み深く偉大であると讃えられる。「主は倉から風を送る」。神によって創られた事物のうち、詩篇では「嵐の風」（詩篇一四八）が挙げられている。伝道の書〔コヘレトの言葉〕の序章には、自然現象の規則性を前にした興奮がみられる。[6] たとえば「風は南へ向かい、北へ巡り、めぐり巡っていき、元の道筋に風は戻ってくる」。風はここで世界の無常を象徴している。そして無常は「風の追跡」を導く。さらに、風が未知のものであることが神の不可侵性を象徴する。

それから、風の儚さと虚しさが、人間にまつわる事象の儚さと虚しさの象徴として、幾度となく強調されている。たとえば「ソロモンの知恵」では次のように。[7]「不信心者の繁栄は風によって揺るがされ、風の猛威によって根こそぎにされるだろう」、また不信心者の希望は「風に当たった煙のごとく吹き散らされる」。彼らは懲罰を受ける。

彼らに向かって強風が起こり、
嵐のように彼らを疲弊させた

こうして神の懲罰に代わる風がまた現れる。

「ソロモンの知恵」ではより明確に、さらに次のように書かれている。

懲罰のために創られた風がある。猛威を振るう風は天罰を裏づけ、それが下されるとき風は激甚化し、創造主の憤激を鎮める。

神の存在、偉大、栄光、力のしるしであった風は、聖書においていっそう執拗に懲罰として現れる。というのも神はあらゆる風を自由に操るからだ。「主の思うままに南風が吹き、北の嵐や暴風雨が起こる」。

では預言者の書を読んでいこう。エレミヤは、イスラエルの背信に起因するエルサレムの災禍を描く中で、風に触れている。「山々から、荒れ野から、熱風が我が民の娘に向かって吹きつける。猛烈な風がそこから私のもとへ吹く……」(8)。

主がお怒りになり、
［災害の歴史における怒りの役割に注意しよう］
主が声を発せられるとき、

それは空に轟く水の唸りである
主は大地の端から雲を昇らせ、[…]
倉から風をお送りになる。

ある概念が繰り返される。すなわち、大地には四つの風があり、それらいずれもが神に従う。たとえばエラムに対する神託ではこう書かれる。(9)

私は空の四隅から
エラムに四方の風を送る、
そしてこれらの風によってエラムの一族を離散させる。

エゼキエルがヤハウェの馬車に気づくやいなや、彼は北からの——もっとも強烈な——暴風に取り囲まれる。偽りの預言者たちに対してヤハウェは「私の憤怒によって暴風が吹き荒れるであろう……」と宣告する。(10)

ダニエル書では反対に、三人の若者を猛暑から救うのは「そよ風の爽やかさ」である。(11)そして若者たちは賛歌を高らかに謳う。「おお、汝ら、風よ、主を讃えよ」。ナホム書では風を道具とする神の怒りが非常に激しくなる。「主の怒り」と題された詩篇では次のように語られる。(12)

ヤハウェは妬みの神、懲らしめの神である
主の怒りは溢れんばかり！
主は決して罰せずにはおられない。[…]
暴風雨、嵐の中を進まれる。

四方の風という定型表現——古代の神話と同様——がもっとも明確にかつ精力的に登場するのは、ゼカリヤの第八の幻においてである。(13)四つの馬車に触れたのち、天使は告げる。

これら空の四方の風は、あまねく大地を統べる主の御前に立ったあと出ていく。黒い馬の車があり、これは北の国に向かうが、白い馬はその後ろを進み、まだらの馬は南の国へ向かう。力強く、馬たちは大地を巡ろうとはやる。

「天使が私を呼び、言った〔話しているのはゼカリヤである〕。見よ、北の国に向かったものが私の霊を北の国にとどまらせる、と」。

このように旧約聖書における風の、また各種の風の在り方は多様である。始め、神を取り囲み、その存在を知らせるかすかな息吹であったものが、徐々に、神の力と偉大、さらに寛容のしるし、証として現れ、最後には、大地の四方の風が吹きすさぶところすべてで生じる神の怒りの媒体として示される。

新約聖書

より稀であるが決定的なのは、新約聖書における風、さまざまな風の存在である。福音書、使徒言行録、黙示録に登場する。マタイによる福音書の、イエスによって静められる嵐のエピソードは何世紀にもわたって繰り返し語られた(14)。水が荒立ってきたので、師は弟子たちに起こされる。「すると立ち上がり、主が風と海〔実際はティベリアスの湖〔ガリラヤの海〕〕をお叱りになると、すっかり凪いだ」。驚愕し、弟子たちは言い合った。「風や海でさえも従うとは、この方はいったいどなたであろう」。そして、ペトロが湖上を歩くイエスの方へ向かおうとする。ペトロは数歩進むが、「風に気がついて恐怖を感じ、沈み始めた」。イエスが彼を助け、「彼らが小舟に上がると、風が収まった」。同じエピソードが語られるマルコの福音書ではより明確に、「強い旋風」が来た、とされている[15]。イエスは目覚め、風を叱り、海に向かって「静まれ、黙るのだ！」と言う。「すると風は収まり、すっかり凪いだ」。要するに、このエピソードによってイエスは旧約聖書の神の力と同じ力を証明している。これを確証するのは、人の子の栄えある出現を知らせるイエスの宣告である。「そのとき人の子は天使を遣わし、地の果てから天の果てまで、四方の風〔四方八方〕から、選ばれし者たちを集める」。ここでもまた、四方の風はあまねく地上を指している。ヨハネはといえば、彼は湖上に吹く強風のうちに聖霊の到来が近いことを読み取っている[16]。

使徒言行録の重要な場面は、知っての通り、使徒一同が揃う聖霊降臨祭である。炎の舌の形であらわされる聖霊の降臨に重きを置くのがならわしである。こう書かれている。「突如、激しい疾風のような耳をつんざく音が天から鳴り、彼らがいる家じゅうに響いた」。これまで旧約聖書の中からいくつも読んできた神の出現の名残である。

また、パウロがローマへ向かう航海の話と、マルタ島の沿岸近くで起こる沈没の危機が有名である。[17]沈没は「島の方から来る、エウラキオンと呼ばれる暴風」によって引き起こされる。神学的な海である地中海の航行は、港すなわち救済へ向かう人生の道のりの予行であるという主張がしばしばなされた。罪人《つみびと》が乗り越えなければならない人生の苦悶を象徴してこの地に吹く風を理解することができるのは、この視点においてである。

最後に、黙示録では、再び四方の風が現れるが、これは方位の基点〔東西南北〕を示す。[18]「地上の四隅に」四人の天使が立ち、「海にも陸にも、いかなる木にも、いっさい風が吹かぬよう、地上の四つの風を取り押さえている」。つまり、いわば地理に関わり、宇宙への広がりをもつ風の意義がここに繰り返されている。

聖書を振り返ることは風の想像世界の近代史に不可欠である。西洋において、印刷技術が普及して以来、それがもっとも広く読まれた書物であったことを忘れないでおこう。そして、誰もが知るように、キリスト教の典礼は聖書に大きな意義を認めていた。プロテスタントにおいて聖書を読むことは非常につましい家庭にもみられた。詩篇が読まれなければ、とくにイギリスでは、自然の観照の讃美に大きく寄与した自然神学は微塵も存在しなかったであろう。

第六章　叙事詩に轟く風の力

古典叙事詩――『オデュッセイア』

『オデュッセイア』の読者はたえず風の様子に注意を向けることになる。迂回の連続であるオデュッセウスの旅を導くのは風なのだ。十九世紀以前につくられた叙事詩文学の主要作品のうち、風がこれほどの役割を果たすものは他にない。『アエネーイス』さえも、カモンイスの『ウズ・ルジアダス』(一五六九年)でさえも及ばない。繰り返すが、道のりを困難にするのは風である。だが風は、ゼウス、ポセイドン、アテナ、風の司アイオロスといった神々の手に握られている。風は四つ――聖書と同様――であり、ボレアス、ノトス、エウロス、ゼピュロスという名前をもつ。それぞれに激しさの形があり、その音と感覚の特徴がある。彼らはたしかに従順だが、個性の備わった存在である。神々の怒り、嫉妬、復讐欲、前兆となる恐れをあらわす媒介である。

物語中の風の存在感は、『オデュッセイア』第十歌で、オデュッセウスと、風の神でありながらゼウスの配下であるアイオロスとが出逢う場面に示される。オデュッセウスがアイオロスを不意に訪れる。アイオロスは「九歳の牡牛の皮を剥ぎ、皮の内側に猛々しい風の空気をすべて縫いつける。クロノスの御子［ゼウス］がアイオロスを風の司にしたからだ。彼は自在に風を荒立て、静める。アイオロスは、輝く銀の組み紐によってそよ風一つ漏らさぬようにしたその袋を私に渡す［とオデュッセウスが語る］。彼は私の船の空いたところにそれを結びつけに来てくれる。それから私のため、私たち、人々と船を必ずや住まいへ戻してくれる西風を吹かせた」。なんたることか！ 一一日目、祖国が現れたとき、オデュッセウスは「不幸な眠り」のせいで眠り込んでしまう。船の仲間たちはアイオロスが革袋に金銀を入れたと想像する。彼らは話し合い、贈り物の中身を見てみることにした。「袋が解かれる。そこからすべての風が逃がれた途端、疾風が私の船団を引き連れ、沖へと運んでいく」、そしてアイオリエ〔アイオロスの〕島まで流し戻す。[1] アイオロスはオデュッセウスと仲間たちを罵り、追い払う。

以降、作者が決して名指すことを疎かにしない四つの風が、それぞれ交互に吹き荒れる。風はそれぞれの役回りで心を不安に陥れる。ときに、神々に従って風は結束する。延々と続くこのエピソードの過度な引用を避け、第五歌で展開する一話を紹介するにとどめよう。フェニキアの海に差しかかったオデュッセウスに対して怒ったポセイドンは、その三叉の戟を用いて四方から突風を吹き荒れさせる。「エウロスとノトス、唸るゼピュロス、晴朗な天に生まれ大渦を巻かせるボレアスが、一緒になって吹き荒れた。［…］このようにして風はあちらへこちらへと筏を破滅の危機に追いやり、ノトスが筏をボレアスに投げ放ったり、エウロスからそれを受け取ってゼピュロスが追い回したりしていた」[2]。

そのとき、ゼウスの娘アテナが「風の通り道を塞ぎ、[…]風すべてに対して休息と眠りを命じた。そしてアテナはボレアスの勢いを殺ぎ、波を静めた」[3]。神々の手中にあって風はさまざまに振る舞う。

ホメロスの語りは、プロテウスが金髪のラダマンテュスのところで最果ての地に言及するとき、穏やかになる。「人間にもっとも甘美な生活が与えられ、雪や極寒がなく、つねに雨が降らない」その場所では、「そよ風しか吹かず、その笛の鳴るような疾風は海から上がって来て人間たちに清涼感をもたらす」[4]。

『オデュッセイア』においてギリシア・ローマ神話の風にまつわるすべてが語られているわけではない。よって次の点を明確にすることが重要である。ボレアス(ラテン名アクィロン)は北風。ゼピュロス(ラテン名ファウォーニウス)は西風。ノトス(ラテン名アウステル)は南風。そしてエウロス(ラテン名でも同じ)は東風である。

逆説的ではあるが、ウェルギリウスが『アエネーイス』において、ホメロスが『オデュッセイア』で与えているほどの中心的な役割を風に与えていないにもかかわらず、近代の叙事詩を読むと、風や嵐の情景に関して、『アエネーイス』は詩における参照元の第一に挙げられる。

聖書に基づく叙事詩――『聖週間』

ルネサンス以来、風の想像世界が讃美され、刺激され、養われてきたのは叙事詩によってである。繰り返すが、この文学ジャンルをないがしろにしては、私たちの目的は果たせない。おそらく簡潔に過ぎるものの、今しがた概観してきたその基盤の二元性をふまえると、風の想像世界の歴史にとって源泉をなす叙事詩は、二種類に分かれる。第一の類は、聖書の伝統に基づく叙事詩である。十六世紀からはギヨーム・デュ・バルタス〔フランスの詩人、一五四四―九〇〕、十七世紀からはミルトン、十八世紀からはフリードリヒ・ゴットリープ・クロプシュトックの詩を挙げよう。第二の類はギリシア・ローマの影響に結びついたもの、ここにはタッソの『エルサレム解放』、ロンサールの『ラ・フランシアード』、カモンイスの『ウズ・ルジアダス』が含まれる。ただし三つ目の叙事詩はカトリックによる布教目的の性格が色濃い。

十六世紀末に書かれた詩であるデュ・バルタスの『聖週間』は、叙事詩の形式で創世記に基づく世界の創造を語り、またエデンの園を描く。この作品は今日完全に忘れられている。だがかつては重要な作品だった。

本書の主題に沿えば、デュ・バルタスはエデンの風に言及している。彼は長い一章をとりわけ創世の二日目、つまり気象に割いているのだ。風の創造に触れ、それを「風を吹かせる要素」と形容している。デュ・バルタスによると、基本要素をなす二つの領域、すなわち「空気の領域と火の領域」がある。(5) だが空気は「聖書上は存在しない」領域である。困惑したデュ・バルタスは、空気が実際は間の領域、つまり中間層であると判断する。それは不安定性によって定義される「乱れた空気の領域」である。この領域にこそ風が位置づけられ、これこそが「風の倉庫」と題されて扱われる。

デュ・バルタスによれば、空気は「動揺と戦闘」の領域、すなわち「キリスト教徒の不確かで危険な歩み」の象徴である。風に関してはより明確に、「それらが騒がしく通り過ぎる」効果を指摘してから、彼は四つの時期、四つの気質、四つの基本要素、四つの年代を区別している。四つの風のうち二つについて性質を明らかに述べる。一つ目はもっとも直接に生き物の世界に働き、有益な作用をもたらす風のグループである。これはのちに啓蒙の世紀で言われることを先取りした言説である。「風は瘴気を含む空気を排し、果実を熟させ、船の帆を膨らませ、風車の羽根を回転させる」。しかし風にはまた有害な働きもあり、たとえば雹の落下は、「この世界の脆さのしるしにほかならず、人間の混乱の象徴あるいは予兆である」。

二つ目のグループは、空気によって様相と役割がたえず変化する風である。ここにデュ・バルタスは嵐——さらには彗星も——を分類している。このグループは、空と非常に近いことから、神聖なしるし、つまり前兆、とくに神の怒りと解釈される風からなる。結論すれば、デュ・バルタスにとっての風は、大地と、科学には解明できない空との中間地に広がるものである。(6)

『失楽園』

近代最高の叙事詩は、その普及の規模とそれに捧げられる讃美からすれば、やはりミルトンの『失楽園』である。ギリシア・ローマ作品に依拠した詩において付与されるほどの役割を担ってはいないものの、風が登場する。それは二つの側面を示す。原罪前の天上の穏やかさと、罰が下されるときの凄まじさである。

不吉な夢にうなされているイヴの目を覚まそうとアダムは、「ゼピュロスがフローラ〔ローマ神話の女神〕に吹きかけるような優しい声で「このキリスト教の大叙事詩が古代神話に依拠していることに注意しよう」」、「目を覚まして、私の美しい人」

という言葉を囁く。[7] その少しあと、アダムとイヴは創造主への讃美を歌い、神の称賛を祝うよう大地を促す。「おお、大地を四方に吹く風よ、優しく力強く大地に囁け！ 首《こうべ》を垂れよ……」。天上、神の周りには、「天使が涼やかなそよ風に撫でられて眠っている天の聖櫃」がある。[8] 運命の日の朝、アダムとイヴは「もっとも甘やかな香りが立ち、もっとも穏やかなそよ風が吹く、朝一番の時間を楽しむ」。

天国の至福の風は堕罪後、劇的に質が変わる。このとき大地は風に吹き荒らされるが、この風は苦しみを与え、神の怒りをあらわすものだ。

「今やノルンベガ〔北アメリカにあるとされた伝説の集落〕の北部から、またサモエード〔シベリアの北極海沿岸地域〕の岸から、氷と雪、雹、荒々しい疾風と旋風を携え、堅固な牢獄をこじ開けて、ボレアス〔北の風〕とカイキアス〔北東の風〕と騒がしいアルゲステス〔北西の風〕とトラスキアス〔北北西の風〕が、森と波立つ海を引き裂く。海は、南から反対に吹く風、すなわちシエラレオネの轟く大雲によって黒ずむノトスとアフェル〔アフリカからの風〕によってますます波を高くする。これらの風を横切るように、劣らぬ猛威で東からと西からの風、エウロスとゼピュロスと、騒がしいそれらの傍系〔中間方位の風〕、すなわちシロッコ〔南東の風〕とリベッチオ〔南西の風〕が飛びかかってくる。こうして命なき事物の間で猛威が始まる」[9]。

その後「獣が獣と戦い、鳥が鳥と戦い、魚が魚と戦う」。というのも、それから「命あるすべての動物が互いにむさぼり合い、もはや人間に対して畏怖の念を抱かなかった[…]」のだ。これらの振る舞いが総じて、失われた楽園と、風の猛威と風が運んでくる不吉な事物によって始まった悪の全面的な勝利を明らかに示している。ミルトンによって描かれた「恒星の嵐」は「靄と霧」、とくに「燃えるような、腐敗した、ひどい臭気」を伴っているのである(10)。

ここで引用した濃密な文章は、堕罪の結果として、地上の荒廃を招く元凶たる罰と悪の勝利の渦中にありながら、地上の明確な地理に則って――それまで楽園が問題になっていたのだからいささか意表をつくが――、全方位から吹く風を一揃い詳細に示したものになっている。風の激しさは、ここでは不意に地上に入り込みあまねく広がる艱難の予兆である。ミルトンの持ち味は、いきなり動物どうしの戦いや魚どうしの共喰いを持ち出した点にある。

『メシーアス』

一七四八年から一七七七年にかけて書かれたクロプシュトックの『メシーアス』(または『救世主』)は文学において、音楽でいえばヨハン゠ゼバスティアン・バッハの「受難曲」に当たると思われる。[11]両作品はほぼ同時代のものだ。叙事詩はとくにドイツで大成功を収めた。この作品は二十世紀半ばまで文学教育に残っていたが、今日では完全に姿を消してしまい、きわめて良質の書店でさえその存在を顧みない。だが、私が言及する叙事詩すべてのうちこれこそが、私が思うに、もっとも強い影響力をもっている。この作品は隅から隅まで素晴らしく、イエスの受難に、受難が天と地獄に引き起こす動揺と反応とを組み込んで物語る。物語の効力は、エルサレムで起こることをめぐる出来事の枠組みとして、天上と地獄の一群が存在することに由来する。

もちろん神は、身をひそめながらも、展開している一大事を見張っている。必要があればサタンに対して怒り狂い、地獄の岸に再びサタンを罰する風を送り込む。ここまでにとどめておこう。神によって望まれた嵐は、業火の深淵を新たな地上の楽園に変え、そこに吹く荒ぶる風を爽やかなそよ風に変えたいと熱望する悪魔ベリアルによる努力にもかかわらず、地獄に迫り悪臭を放つ。[12]

ベリアルは、「この忌まわしい地に、創造主の手があらゆる被造物にお与えになったこの輝かしい形」を与えることを切に願っていたが、「恐ろしい闇に覆われた土地を見て絶望の悲鳴を上げる」。こうした天と地獄の容赦ない直接対決こそが、クロプシュトックの作品に驚くべき叙事詩の力をもたらしている。

ごらんのように、聖書あるいは古典文学に想を得たこれらさまざまな叙事詩において、風は、いかに恐るべきものであろうと、神あるいは神々の支配下にある。風の、しばしば破壊的な力を解き放つのは彼らなのだ。ここまでのところ、自由に表現し、自由に闘う存在としての風には触れてこなかった。だが、啓蒙思想の精神に忠実なジャン＝バチスト・グランヴィル〔フランスの詩人、一七四六―一八〇五〕が『最後の人間』と題した叙事詩で彼らをあらわしたのは、このあり方においてである。(13) 題名が示すように、グランヴィルは世界の終末をめぐる想念に、風の想像世界を織り込んでいる。

一八〇五年に亡くなるグランヴィルは、その独創性がメアリー・シェリーによって主張されたものの、ほとんど影響力がなかった。風の想像世界の歴史においてグランヴィルがいかに重要かを理解してもらうために、神々によって鎖を解かれる〔フランス語で風が「荒れ狂う」は「鎖を解かれた」の意〕のではない、ようやく独立した風が起こした戦いを語るグランヴィルに耳を傾けよう。


昨日、私たちの岸辺に非常に強い嵐が起こり、それが引き起こした恐怖はなおも続いている。解き放たれた［なおも、風は通常閉じ込められ、鎖に繋がれているという考え］すべての風が、互いに戦い合って、私たちの空を彼らの戦場に選んだのだと私は思う。風はあらゆる方向から不意に、急いで駆け込んでくる。この最初の衝撃があまりに激しいので、地獄に根を下ろす木々が倒れ、世界の土台に腰を据えた山々が揺り動かされた。アクィロンが怒り狂って唸るオタン〔南東の風〕を押しやるかと思えば、オタンが激昂してアクィロンに襲いかかり、海の波のように持ち上げて空の空間を奪い取る。ときにはあらゆる風が同時に戦い、ぶつかり合い、ひっくり返り、起き上がり、旋風となって逃げ、山の高地で宙にとどまるか、しばらく谷間でゆらゆらしているか、恐ろしい笛音を鳴らしながらそこに飛び込んでいく。

この嵐が静まると鳥が現れる。(14)

近代叙事詩における古典への参照——『エルサレム解放』

タッソの『エルサレム解放』はというと、これはキリスト教の叙事詩、第一次十字軍の叙事詩である。しかし古典文学の名残が色濃くあり、とくに、意外に思われるだろうが、ギリシア神話の四方の風、すなわちボレアス、ゼピュロス、ノトス、エウロスが現れる。このため、文章には地理的正確さが要求される。四方の風は、古代にわたってそれらに付与されていた多くの特徴をもち続けたのだ。それを示すにはいくつかの例で十分であろう。

ボレアスは四度にわたり北風として名指される。その振る舞いが展開を決定づけるものだと判明してくる。「裏切り者」アラディーノ王によって守られたエルサレムは、三方が難攻不落である。「ボレアス［北］方面だけがいささか手薄である」、より正確にいえば、「ボレアスが夕陽に傾く方向［北西］」のことである。風は、ゴッフレード・ディ・ブリオーネ〔ゴドフロワ・ド・ブイヨン〕の率いる攻撃に対し決定的な役割を果たす。ゴッフレードが待機していると、

にわかに風が起こり、
［敵によって起こされた］炎をそれを仕掛けた者に送り返す。
突風が火勢を押し戻す。
炎は異教徒によって張り巡らされた布に襲いかかり
瞬く間にその柔らかな素材を包み込み

彼らの幕を灰にした[15]。

これに続くのはゴッフレード・ディ・ブリオーネの栄光に捧げられた歌である。

天は汝の側について戦っておられる。
風も天の喇叭《らっぱ》に呼ばれうやうやしく馳せ参じる[16]。

これは、聖書で強調された、神の意向の媒介として事を決する風の役割を讃える明らかな方法である。しかしボレアスだけではない。ほんの少し前に、西風をあらわすゼピュロスが敬虔なるゴッフレードの計画を後押ししていたのだ。「空が黒い猛火の様相を呈し」、「ゼピュロスが洞窟でおとなしくしており」、「軽やかな風がそよとも吹かない」で、「北西アフリカの砂漠から来る、耐えがたく息を詰まらせる風だけ」が吹いてくるので、十字軍には絶望が満ちていた。ゴッフレード・ディ・ブリオーネが父なる神に祈ると、雷が落ち、非常に激しい雨が降った。

作品中、アクィロンは——ボレアスと同じ——北風であり、アフリクスは南風、エウロスは熱風である。タッソは地上の風について古典の固有名詞を借りている。海についても同様である。嵐を引き起こすノトスは、最終的に身を引き、すると「心地よいそよ風が海の山並みを平らにし、その美しい紺碧の胸にほとんど皺をつけることはない[17]」。

『ラ・フランシアード』

古典文学の影響、主にウェルギリウスの『アエネーイス』の影響は、『エルサレム解放』によりもロンサールの『ラ・フランシアード』にいっそう明らかである。一五七二年に発表されたこの叙事詩は、ちょうどアエネアスがローマを築いたように、トロイアの出であるヘクトルの息子、フランクスがフランスの民族を築いたことを讃えるためのものであった。さらにこの詩には、ホメロスと武勲詩、イタリア・ルネサンスの詩の巨匠アリオスト〔『狂えるオルランド』の著者〕の影響がみとめられる。

物語を調子づけている嵐に割かれた長い文章、また風が重要な役割を果たしている文章を引用するとくだくだしくなる。この叙事詩におけるウェルギリウスの影響と同時に古典詩に倣った風の役割を検証するにとどめよう。フランクスの旅は実に、『アエネーイス』の神々による怒りの作用の置き換えである嵐に彩られた遍歴だ。ウェルギリウスはその詩において、ネプトゥヌスが風を自由にするために山腹に穴を開けたあと、ノトス、アフリクス、アクィロンを順々に介入させる。

『ラ・フランシアード』の筋は少々異なる。ネプトゥヌスはその恨みをイリオンに対して示す。もっともなことだが、ネプトゥヌスは海を用いて復讐しようとする。海の馬車を借り、ナイアスに囲まれ、叙事詩第二巻中重要な登場人物であり続ける風を呼ぶ。ネプトゥヌスは始め風に対して詫びる。

風よ「と彼は風に語りかける」、空と海の恐怖よ、
汝らを岩に閉じ込めているのは私ではない。
岩の中で汝らは王のもと恐怖に震え
煩悶を強いられている。
ただ一人ジュピン「ユピテル」が我が意に反してなすことだ。
私は彼の力に太刀打ちできない。
彼は不屈の力をもつ神なのだから。

ネプトゥヌスは、今度はアイオロスが、「かつて彼がネプトゥヌスに約した」誓いを守るために、風を「四つとも一緒に」解放することを望む。

暗い洞窟に閉じ込められた風のために
彼がその杖で通路を開き、
轟音を含み、稲光と暴風と闇を抱えた風に自由を与え、
旋風によって猛り狂う海を膨らませ、
嵐によってトロイア人たちを打ちのめすように。(18)

こうして凄まじい嵐が起こり、トロイア人[フランクスの]を沈没に導く。つまりロンサールが細部を入念に描いているのは、風の仕事なのである。この箇所はユピテルの命令を受けてアイオロスが風を閉じ込めていることを思い起こさせる。ここで語られているのは古典文学の四つの風である。荒廃と不幸を撒き散らしにいくのはこれら四つの風なのだ。それらの怒り――ここではネプトゥヌスの怒り――が甚だしいことが判明する。海は、その憤怒のさなか、

従うだけである。成り行きを左右するのは風なのだ。音を伴う風の果てしない力は万物の基本要素を主導する。

風が沖に出ていき、
水底から頂まで海を返しながら、
ごぼごぼと泡立たせる。
やかましい猛烈な嵐が
ごうごうとかまびすしく轟きつつ、
風の打擲により丘陵となって迫り上がり、
大揺れに次ぐ大揺れ、うねりに次ぐうねりのうちに
ときに星々に触れるほど膨らんで泡立ち
ときに地獄に落ちるほど低く沈み込む
深淵の底の水をのぞかせていた。

こうしたことが、稲光の連続が雲を突き破る一方、船乗りの視界から海を隠してしまう「恐

怖の夜」の闇の中で起こる。

フランクスはユピテルに祈る。だが「暴風」が彼の船を破壊し、「踏みつけ」、「ばらばらに」し、打ちつけ、突き破る……。トロイア人は、三日間続いたこの嵐によりプロヴァンスの浜辺に座礁する。風の役割は『ラ・フランシアード』で際立っている。風は渦巻き、そうすることで水の中に「水の畝」を穿ち、これらの溝を「たえまなく打ち」、「追い立てる」。

『ウズ・ルジアダス』

風のきわめて重要な役割は、ポルトガル人の栄光を讃える記念碑的叙事詩、カモンイスの『ウズ・ルジアダス』（一五九六年）においても同様にみとめられる。ポルトガル人たちは喜望峰を越え、数々の困難を経ながらインドに到達し、同時に、作中ではあまり展開されていないが、喧伝された目的として、神の言葉をもたらすことに成功した。航海中、近代の航海と同じように、索の操作は風に応じて行われるが、それ以上のことがある。

注釈者たちはこれまでこの壮大な叙事詩に、風と嵐に密接に結びついた、天の厳しさを読み取ってきた。ポルトガル人は「アイオロスの子らの激怒に敢然と立ち向かい」、未知の航路を切り拓くことができた。要するに次の点は疑いの余地がない。航海者たちと彼らの企図を邪魔立てるものは、さまざまなエピソードにわたり狡猾で残酷な人間に結びついている風である。作者が主張するのはキリスト教信仰であるにもかかわらず、事を動かすのは古代の神と神話の風なのだ。

ルソ〔ルスス〕——建国者である英雄——の子らの敵は、オリュンポス山に住まうバッカスである。バッカスは自分が、そして自分だけが、偉大なインド征服者であると考えている。一言でいえば、彼はポルトガル人にその座を脅かされている。ウェヌスのほうはポルトガル人の味方につく。神々の諍いがオリュンポスを揺り動かす。かくして「激怒のアウステルあるいは血気にはやるボレアスが古の森に飛び込む、山が呻く、木々が裂け、散った葉が宙を舞い、鈍い音が長く延びて囁く。森の頂すべてが沸騰するようにみえる」(19)。このように、カモンイスはオリュンポス山の争いを描きながら、風によって引き起こされた地上の嵐を忘れていない。

カモンイスが風の様子を指摘し忘れることは滅多にない。風が静かなとき、風は「奥底の牢獄で眠っている」と書く。これは、鎖に繋がれ、洞窟の、岩の合間か革袋の中に閉じ込められた風のイメージが根強いことを証すものだ。海上の戦い——第一歌におけるムーア人に対する戦いなど——は、実際にはバッカスとウェヌスを対峙させる。

「幾度となくさまざまな風に帆を任せた」ルソは、竜巻に出くわす――カモンイスが書いているのは一五五九年頃であり、竜巻が、かつて大プリニウスによって書き残され、のちにジェームズ・クックによって記されることを思い起こそう。二十一世紀の読者は、テレビが映す気象現象の画像をさんざん見ているので、その描写に驚き、衝撃を受けるばかりである。それゆえ私は、当時まったく説明不可能であったこの大気現象、というよりこの「大気からなる物質」が、そもそもほとんど知られていなかったにちがいない時代に、カモンイスが気象を描き出した長い文章を引用せずにはいられない。

私は見た……いや、この目が私を騙すことはありえない。今度は私も激しい恐怖をともに感じた。我々の頭上に分厚い雲が形成され、それが大きな管によって海洋の深い波を吸い込んでいた。
管は形成初期、風に集められた薄い蒸気でしかなかった。それが水面で飛び回っていた。まもなく渦巻き状に動き、海から離れることなく、職人の手の元で意のままに丸まり伸びていく金属さながら、空まで伸びる長い筒となって立ち上がった。この大気からなる物質は一時視界から消える。だが波を吸収するにつれて膨らみ、その大きさは帆の大きさを超えた。揺れながら波のうねりに合わせて動く。雲がそれを覆い、吸い上げられた水がその広い脇腹に呑み込まれていく。あたかも飢えたヒルが清泉のほとりで喉を潤していた迂闊な動物の傷口に吸い付くのを見るようだ。焼けるような渇きに焦がされ、犠牲者の血に酔いしれ、それは大きくなり、広がり、さらに大きくなる。こうして水の柱は膨らみ、その柱頭は大きく広がっていく。

突然、貪欲な竜巻が海から離れ、雨の奔流となって草原に注ぐ。吸収した波を波に返すのだが、波を浄化し塩味を除いて返している。自然の偉大な解釈者たちよ、この超大な現象の原因を説明してほしい。

嵐の精、つまり喜望峰の岬に住まう「おぞましい巨人」に関して、カモンイスはこれを神話の神々に敗北した最後の巨人とみなしている。『ウズ・ルジアダス』においては、アフリカ大陸の端にいて南極を見やるこの巨人が風の指揮を自負している。

喜望峰を越えたポルトガル人たちの航海は、あるときはノトスとその激怒に妨げられ、あるときは「ゼピュロスの優しい息吹」に助けられながら、インドまで続く。カモンイスは第六歌で、古代神話を振り返りつつ、ネプトゥヌスとその宮殿、お供の一団、そして、これが私たちの関心事だが、四方の風をめぐる彼の振る舞いを長々と描写するための間をとる。ポルトガル人を守るため、ネプトゥヌスの言葉が「いきり立つアイオロスに風の牢獄を開けるよう」命ずる。これに続くのは風の振る舞いである。このことは、ルネサンスの叙事詩における風の根強い存在、また風がいかに重要かを表している。風が引き起こす嵐の中、ルソの子らの船団が「そよ風に伴われて紺碧の波をするすると切って進む」。

バッカスは挫けず、今度は彼のほうが風を起こし吹き荒れさせる。「鋭くぴゅうぴゅういう音」が索の合間に響く。これを見たウェヌスがニンフを送ると、「彼女たちを見てアイオロスの子らの怒りは消え去った」。「ボレアス、血気にはやるボレアスは、もはやオレイテュイアのことしか見えず、聞こえない。ガラテイアにずいぶん前から恋しているノトスの望みが叶えられる一方、他のニンフたちは怒れるオタンたちを無力にする」。最後には、ヴェヌスがアイオロスの子たちの愛を見守ること、またこれらの風が、その後の航海中、女神の「お気に入り」、つまりポルトガル人たちを丁重に扱うことが確実になる。キリスト教叙事詩においてこのように頻繁に古代の神話、とりわけバッカス、ウェヌス、ネプトゥヌス、アイオロスが参照されることには驚くほかない。だがこのことは、私たちのテーマ、すなわち、それぞれが独自の個性をもっている風の運命と振る舞いの重要性を裏づけている。場違いに思われるかもしれないこれつく。

らの人物の根強い存在は、十六世紀〔『ウズ・ルジアダス』が書かれた〕に『アエネーイス』が知られたことによって、またカモンイス自身とその読者がこれを称賛したことによっても説明がつく。

インド、より正確にはカリカット〔現在のコジコーデ〕に到着したとき、「風が止む。ゼピュロスだけがそよそよと空気を揺らす」。大気の様子は旅の成功を象徴している。そしてこの勝利は「ゼピュロスの優しい息吹」のもとに拡がり、この風が花々を鮮やかにし、テテュス（海）〔水の女神〕の宮殿に赴くニンフたちを迎える。航海の指揮官ガマ〔ヴァスコ・ダ〕はこの宮殿に早く辿り着こうと努めたのだった。十八世紀にラ・アルプ〔ジャン＝フランソワ・ド〕フランスの評論家、一七三九―一八〇三〕が、彼によればこの叙事詩の主題はキリスト教確立の成功であるからして、異教の神々の登場に対する非難に満足したのも頷ける。

第七章　オシアンとトムソン——啓蒙の世紀における風の想像世界

十八世紀末、厳密にいえば叙事詩ではないが、そう位置づけられうる二つの作品が、自然の表象に大きな影響を与えた。一つは、まず一七六〇年に刊行が開始され、一七七二年に『断章』の出版によって増補されたオシアンの詩群であり、もう一つは、ジェームズ・トムソンの『四季』である。後者は早くも一七六四年にジャン＝フランソワ・ド・サン＝ランベールによって模倣されている。

陰鬱な風――オシアン

オシアンの詩はスコットランド人のマクファーソンが、彼が見つけた吟唱詩人の作品であると、おそらく装って発表した一連の詩であり、その主張によれば、アイルランドとスコットランドに由来する古典文学から想を得ている。この作品はその時代を苛んでいた根源的な病を表現しているが、独自の方法で風の想像世界に手を加えている。ドイツ・ロマン主義は著しく「オシアン化」した。ヘルダーはゲーテに、この三世紀カレドニア（すなわちスコットランド）の吟唱詩人の手になるとされた作品に対する称賛を伝える。シラーは嘆賞し、クロプシュトックはオシアンを死の床で読ませたという。おおよそすべての大音楽家たち、シューベルト、メンデルスゾーン、ブラームスがオシアンの詩に曲をつけている。そしてオシアンとカスパー・ダーヴィト・フリードリヒ〔ドイツの画家、一七七四―一八四〇〕の絵画との照応が指摘された。イギリスの暗黒小説の作家たちはオシアンに負うところが大きい。ブレイク、コールリッジ、バイロン、のちにはブロンテ姉妹がオシアンの思潮から影響を受けた。

いわんやフランスをや。第一帝政の芸術家たち、また皇帝ナポレオン自身が、オシアンに大賛辞をささげた。彼らはオシアンをホメロスと並び称した。今日愛好家はジロデ〔フランスの画家、一七六七―一八二四〕によって描かれたオシアンの英雄たちを記憶にとどめている。イヴォン・ル・スキャンフ〔文学研究者〕によれば、十八世紀末および十九世紀前半の大作家の作品には、古典におけるロクス・アモエヌス（locus amoenus）、すなわち牧歌的な心地よい場所に対置される、ロクス・ホリドゥス（locus horridus）、すなわち不快な場所が頻繁に現れる。また風が吹く風景や荒れ狂う自然の描写もよく登場する。(1) はやディドロが、詩の真の作者であるマクファーソンが引用した――というより創作した――断章を翻訳している。その後、ゴシック小説に現れる、風の陰気なエネルギーが蔓延する。スタール夫人は、「野生のヒースに吹く風の音」を好む感受性をもったオシアンはホメロスに値するとみなした。彼女はカレドニア（スコットランド）の風景が長らく崇高の模範的風景であり続けていることを指摘する。

アルフォンス・ド・ラマルティーヌ〔フランスの詩人、一七九〇―一八六九〕は「朧《おぼろ》の詩人、北海のくぐもった嘆きの詩人」であるオシアンに触れている。[2] 六作品でオシアンに言及しているシャトーブリアンは、『キリスト教精髄』の有名な断章でゴシックを礼讃しながら次のように書く。

〔…〕どんよりとした空の下、風と暴風のさなか、オシアンがその嵐を詠ったこの海の岸辺で〔…〕。オーカデス〔オークニー諸島〕で、壊れた祭壇に腰掛け、旅人はこの地の侘しさに驚く〔…〕。風が廃墟を巡り、無数の隙間が、嘆きを放つ同じ数の管となる。[3]

キュスティーヌ〔アストルフ・ド〕フランスの作家、一七九〇―一八五七〕やセナンクール〔エチエンヌ・ピヴェール・ド〕フランスの作家、一七七〇―一八四〇〕は、イヴォン・ル・スキャンフが述べた、「オシアン的風景は、世紀病を実によくあらわす」という警句的表現を裏づけている。「オシアン主義の崇高なメランコリー」、すなわち自然の観照から生じた「陰鬱な阻喪状態」が、アルフレッド・ド・ヴィニー〔フランスの詩人、一七九七―一八六三〕にのしかかる。[4] ヴィニーはマクファーソンによって刊行された『断章』の一篇、「起き上がれ、秋の風よ、起き上がれ、暗い荒野を吹け！」を引用している。

オシアン主義は当時「野生による再生」のようなものに思われた、とイヴォン・ル・スキャンフは述べる。「オシアン主義の崇高は［当時］原始的自然の表現として、また起源の熱情、力、質朴さを衰退させる芸術および文化的な人工技術の忘却として考え出された」。自然の散漫、無秩序、嵐の崇高、「物理的かつ道徳的な粉砕の凄まじい力」はオシアン主義に結びついている(5)。

死との結びつき

現代の私たちから見れば、オシアンの嵐はまず海の嵐である。ところがそうではない。マクファーソンによって発表された詩における風といえばまず、おおよそ北から来る「風の山」、「風の丘」の息吹のことだ。この風は荒地を通り、ヒースの荒野や花々を襲い、それから、戦いの亡き英雄たち、中には彼らと約束を交わした者もある若い娘たちが涙を注ぐ、英雄たちが眠る海岸の岩まで行き着く。たしかに、この場所で、風は泣き濡れた婚約者に遭遇し、娘の嘆きと涙に呼応して悲痛な音を鳴らすのである。

オシアンの詩において、ほとんどつねに陰鬱な、そして夜の雰囲気の中を吹く風は、死に結びついている。フィンガル〔詩の主人公〕あるいはオシアン自身といった、その霊が古老たちの記憶に棲み続けているような、遠い過去の英雄の死に。忘れてはならないがそこには、娘の涙を――ときに自死を――誘う、最近倒れた英雄の死も含まれる。

オシアンの表現では死が直截に示されるため、身体的な荒々しさがある。そして嘆き――この詩のきわめて重要な要素――が展開と分かち難く結びついている。男性の登場人物は怒号を発し、乱暴に戦い、切り倒される樫のごとくくずおれ、女性は天上の創造物のように現れる。

より具体的に風を見ていこう。作者は、男女の登場人物とともに、幾度も風に働きかけ、山や海の風景を隠してしまうヴェール――雲――を追い払うよう促す。しかし、暴風が自然と収まり、『セルマの歌』でのように、晩に輝く星を出現させることもある。風はときに、英雄の墓で衰弱しきった女性の嘆きと涙に呼ばれる。繰り返しになるが、風は、秋に、冬に、荒地を蹴散らすもののように描かれる。このとき風はヒースと草に襲いかかってどうどうと音を立てる。ときに植物はそれを嘆く。

風はまず、たいていかまびすしい、声のように思われ、人――女性の場合が多い――は、メッセージを伝えるよう風に呼びかける。他方、風は亡くなった英雄の思い出を再び鮮やかにする。

風は無意識的記憶と忠実な思い出に訴える。ゼピュロスといえば、北風よりも登場頻度は低いが、女性の声とみずみずしい美しさを称賛すべく現れる。

いくつか短い断片を引用しよう。「宵がその灰色がかった陰を丘に広げる。北風が森に響きわたる。白っぽい密雲が空に立ち上がり、雪が漂いながら地上に降ってくる［…］。白髪のカルルが穿たれた岩の近くに哀しげに座る［…］。唸る風に乗せて、彼は苦痛の声を発する。『マルコムはもはやこの島々の希望、貧しい者の支援者、あらゆる驕った戦士の敵であった人間ではない』。［…］『彼はもういない［…］、どこかの岩陰に横になっている［…］。おお、風よ、どうして彼を侘しい岩に運んでしまったのか(6)』」。

第八断章では老いたオシアンが告げる。「私にはもうおまえの言葉が聞こえない、おお、フィンガルよ［…］、森を抜ける風の鳴らす音は聞こえるが、友人の声は聞こえなくなった(7)」。

若い娘が恋人ザルガルの声を聞きたがり、打ち明ける。「私は風の丘に見放されて独り。風が山に吹きつける。急流がこの岩の下で轟く」。彼女はザルガルと彼女の兄が死んでいるのを発見する。彼らに語りかける。「おお、あなた方、死者の霊よ！　この岩の上から、風の山の頂から、あなた方の声を聞かせてください……あなた方はどこへ行って眠りについたのですか。丘のどの洞窟であなた方を見つけられるでしょうか。でも風はちっとも私に返事をしてくれない。[…]」

「丘に夜の帳が落ち、ヒースに風が吹きつけるとき、私の霊が風の中に立ち、友人たちの死を嘆くでしょう(8)」。

第十二歌には、リノからアルピンへの問いかけがある。「どうして君は森の木々をすり抜ける風のような憂いに満ちた音を発しているのか」。アルピンは答える。「今やモラルは墓にいる」、「そよぐ風を受けて茎を震わせる数本の草でしるされただけの墓に(9)」。

第十三歌ではディオルマに命令が下される。「風におまえの髪をなびかせなさい、丘の疾風に嘆息を送りなさい……」。最後に次の文を引用しよう、「立ち上がれ、おお、鳴る丘の風よ、ムールニーンの死を悲しみたまえ(10)」。このように風を嘆きに誘う呼びかけは、オシアンの詩のライトモチーフである。

冬の狂風――『四季』

ジェームズ・トムソンの『四季』を注釈する者の大半は「冬」しか扱わない(11)。それが誤りで

郵便はがき

料金受取人払郵便

牛込局承認

5362

差出有効期間
令和6年12月
4日まで

162-8790

東京都新宿区
早稲田鶴巻町五二三番地

株式会社 藤原書店 行

（受取人）

ご購入ありがとうございました。このカードは小社の今後の刊行計画および新刊等のご案内の資料といたします。ご記入のうえ、ご投函ください。

お名前	年齢
ご住所 〒 TEL　E-mail	
ご職業（または学校・学年、できるだけくわしくお書き下さい）	
所属グループ・団体名	連絡先
本書をお買い求めの書店 市区郡町　書店	■新刊案内のご希望　□ある　□ない ■図書目録のご希望　□ある　□ない ■小社主催の催し物案内のご希望　□ある　□ない

読者カード

本書のご感想および今後の出版へのご意見・ご希望など、お書きください。
（小社PR誌『機』「読者の声」欄及びホームページに掲載させて戴く場合もございます。）

本書をお求めの動機。広告・書評には新聞・雑誌名もお書き添えください。
店頭でみて　□広告　□書評・紹介記事　□その他
小社の案内で　（　）（　）（　）

ご購読の新聞・雑誌名

小社の出版案内を送って欲しい友人・知人のお名前・ご住所

ご住所　〒

購入申込書（小社刊行物のご注文にご利用ください。その際書店名を必ずご記入ください。）

書名　冊	書名　冊
書名　冊	書名　冊

指定書店名　住所

都道府県　市区郡町

あることは後述の通りである。とはいえここでは、その描写が頻繁に褒めそやされており、風景の文学に多大な影響を与えたと目される、この季節に注目しよう。トムソンによれば、冬の友である陰気な風は、北風、つまり狂風である。一年の最後の季節を描くにあたり彼は、嵐が起こるのを期待して、風に語りかけることから始める。同時に彼は、いったい風が出てくる隠れ家はどこにあるのか、と考える。

風よ、汝らは今やすべてを払いのけて吹き始めるが、
汝らまで届かせるために、私は声を大きく張らねばならない。
力の漲る汝ら、どこにその豊富な蓄えがあるのか。
どこにその山ほどの武器があるのか、
汝らの声を待ちながら潜んでいる嵐はどこに控えているのか。
汝らが地上を離れて空へ向かい、世界に静けさが訪れる、
そのとき、遠く人里離れた、どの地に眠っているのか。(12)

内容は明快である。嵐――トムソンの美辞麗句によって華々しく讃えられ、くどくど繰り返

し語られる——は、風に従うにすぎない。その起源はどこかわからない風の隠れ家である。嵐は、夜の悪魔にけしかけられるように、たいてい夜に起こる。嵐はその叫び、その溜め息によって気づかれる。そして荒れ狂う。トムソンは評判よりも短い描写を用いる。

すべては喧騒、凄まじい混沌にほかならない［…］、
そして自然はついにぐらつき、窮地に陥る。(13)

嵐は神が静けさを取り戻すよう命じるまで続く。
だが風による、嵐ではないもう一つの脅威がある。

牢獄を出たばかりの、
冬に猛烈な憤怒を授けられた凍った風が、
一瞬の通過で水面にしがみつき、
激しい勢いにもかかわらず流れを繋ぎ止める

これは固く動かない凍結をあらわす。トムソンはすかさず次のような場所に住むサーミ人〔スカンジナビア半島北部の先住民〕に触れている。

冬はそこに王宮を設ける。おぞましく騒々しい王宮を。
広間では凄まじい嵐が唸りを上げる。
ここでこそ、攻撃［冬］の手はずを整える暴君が
嫉妬深い風に切るような霜で武装させ
巨大な雹を製造し、怒りのうちに
今や地球の半分を悲嘆に陥れる雪をつくり出す。(14)

きわめて興味深いのはおそらく、冬が他の季節と同様、創造主の属性や感情、意図に応えるものでしかないことだ。トムソンの作品は、自然の感情を讃えるゆえに描写詩に位置づけられるが、最後には神聖な存在への頌詩になっている。

おお、全能の、永遠の、至高の存在である父よ、

季節の巡りは御身自身を映し出す［…］。

「春の美しさが御身の美しさを証明する。［…］御身の輝かしい栄光はその燦然たる麗しさにより、夏にはより荘厳なものとなる［…］」。秋、神性をあらわすのはそよ風である。そして現れるのは古代以来幾度となく目にしてきた情景だ。

御身は風の翼にお乗りになる。たたずまれる。
膝をついてそこから世界を眺められ、
アクィロンを随えて、お怒りを放たれる(15)！

トムソンは、神の姿を詳述するこの頌詩において、いくつかの風の役割を述べながら、次のように書く。

陽の近くに生まれる汝ら、そよ風よ、
陽が遠ざかるとき、優しく囁きながら、

汝らの澄んだ息吹によってあの方を感じさせたまえ。
おお、深い森の中であの方のことを我らに聞かせたまえ[16]！

トムソンはついに「誇り高き疾風」に語りかける。

遠くにまで聞こえる汝ら、おお、けたたましい疾風よ、
甲高い襲撃によってすべてを震わせる汝ら、
沈黙を破って、汝らにこのような力を授ける
存在を我らに示したまえ[17]［…］。

文章は明快であり、解釈はたやすい。すなわち四季はさまざまな神の姿である。そして神に従い、ときにその静けさ、ときにその怒り、あるときは地上の楽園を満たす空気の様子を表現するのは、風——海ではなく——である。この点こそ、そよ風をめぐる間奏として、次に検討しなければならない。

第八章　穏やかなそよ風と快い凱風

感覚への軽やかな刺激

歴史上、ジェームズ・トムソンの『四季』において取り上げられるのはほとんど「冬」のみであった。だが本書の観点では「春」と「秋」も同じくらい興味深く、ある意味では、より貴重である。というのも、植物の生長周期と自然から味わう歓びとに調和した穏やかなそよ風と心地よい凱風の、これら二季節における重要性が強調されているからだ。この点でトムソンは古代の牧歌、すなわち、その作品が多大な影響をもたらしたアレクサンドリア時代のギリシア詩人、テオクリトスの牧歌を再興している。

先に叙事詩でみてきたように、そよ風が脅威になることが——稀に——ある。よってそよ風のイメージは意外な側面をもつ。とはいえそよ風が第一に、軽やかに触れ、優しく清涼感をもたらす風であることに変わりない。あらゆる形をとって繊細な歓びをもたらす風、女性のおののきを示す風、愛の官能と恋人たちの出会いを促す風である。

こうしたことは、ヴェロニク・アダン〔文学研究者〕が指摘するように、バロック詩によってすでに語られていた。(1) アダンによれば、バロック詩において風は自身の声をもち、必要とあれば恋人の分身になる。風は、相手の抵抗なしに恋する女性にそっと触れることができ、エロティックな夢を見やすくさせる。さらに、その儚さから、風は女性の移り気を体現する。風は本質的に気まぐれだからだ。

女性の身体が決して風を拒まないという事実は恋人を掻き立てる。明らかに、女性は風を触れるがままにさせている。風は彼女の目や髪、口、一言でいえば、恋する者を魅了する（あらゆる）ものをかすめる。そよ風は、とくに春、恋人たちの風である。ときに風は恋に苦しむ者に共感するように、その嘆きを伝えていく。クロード・ド・トレロン〔十六世紀フランスの詩人〕は一五九五年にこう書いている。

風よ、君はなんと幸せなことか、好きなときに
我が美しい戦士の口と目に口づけできるとは！
私が風であったなら、私の囚われの心は
ただちに彼女の鉄鎖、束縛、誓いを断ち切るだろうに！

数年後、エチエンヌ・デュラン〔フランスの詩人、一五八六―一六一八〕は次のように書く。

ときに私は風になれたらいいのにと思う、
ユラニーの髪と戯れるため[2]［…］。

絵画は、文学と同様、ゼピュロスとフローラの恋を讃える。この風は自然の匂いとともに女性の美しさを伝えて回る声のようだ。それこそボッティチェッリがかの有名な《春》で表現しているものである。つまり、そよ風は触覚、嗅覚、視覚に訴える存在である。

レジーヌ・ドゥタンベル〔フランスの詩人、一九六三―〕は『ささやかな皮膚礼讃』において、皮膚に対する風の儚さの作用を詳しく分析している。ドゥタンベルは、風は「人の全身を狂わすこの皮膚の一角」をくすぐる、とドゥタンベルは書く。彼女は「そっと触れる」や「さわさわとかすめる」のように愛撫の形が複数あることを明らかにする。女性は見られることよりも触れられることにいっそう歓びを感じるのだと念を押す。「愛撫されると皮膚は呼吸し、微細に震える。皮膚は身体からの出入りをたえず繰り返す」。「愛撫に逆らうものは何もない。皮膚は抵抗しない」。「愛撫においては儚いものが果てしなく続く」。こうしてレジーヌ・ドゥタンベルは私たちの主題に近づいてくる。「皮膚のために風の想像世界をつくり上げなければならない。愛撫は色のついた風、香る風、響く風である。感覚されるものに限りなく近い、透明で目に見えないものだ(3)」。

トムソンが描く春と秋のゼピュロスに立ち返ろう。『四季』においてゼピュロスは調和を、空気に怒気のないことをあらわしている。

空は静謐に輝く。好ましいそよ風が
空中で芳香を放つ翼をはためかせている(4)［…］。
そよ風はそれらしい方法で地上の楽園を再現する。そこでは

空気が澄んでいた。穏やかな、心地よい静けさが、
いつも天との境に満ちていた。
それはつねに変わらず迎えてくれる、
紺碧の空にくつろぎ、翼でたゆたうゼピュロスではなかろうか。

トムソンは妙趣を理解する感性をもっているという。自分の歌が

この洗練されたエッセンスの香り、
繊細な、香り高い精神を放ち、
たゆまずエーテルをめぐる
不可思議なそよ風の香り

を纏うよう願っている。

［…］新鮮な風がもたらす、
私たちの心に浸透し、全感覚を歓ばせる［…］

そのような香りを彼は讃える。

女性との戯れ

そよ風は、風雅、繊細、魅惑なるものを知らない荒々しい突風とは異なる。別の箇所でジェームズ・トムソンは五月のそよ風を賛歌に詠む。

そよ風が芳しいはためきで、
折れた花々の中、恋に悩み、うなだれ、
悶える羊飼いの娘にそっと触れ、なでるとき［…］。

そこに恋人が現れる……。詠み手は、先述のようにバロック詩人が築いた紋切り型を免れていない。

夏、目覚めに、「陽気なそよ風」が感じられ、ときに「健康によいそよ風」が「息の詰まるような暑い時間」に吹く。この季節にみられるのが女性たちの水浴と、それに遭遇して「三倍幸せな」恋人の官能である。女性が着ているものを脱ぐ。「彼女の服が風にはためき、身体からほどかれる」。女性はためらいつつ「水に身をゆだねる」、「そよ風のそよぎを不安がるに至るまで」(5)。それから、秋がそよ風と凱風を再び連れてくる。

この十八世紀末、そよ風を讃えたのはジェームズ・トムソンだけではない。飽かずその役目を担ったのはザロモン・ゲスナー〔スイスの詩人、一七三〇―一八八〕である。前述のオシアンが讃えたそよ風も忘れてはならないが。ゲスナーの『新牧歌』からいくつかの断章を引こう(6)。「そよ風」と題された歌においてはまず、第一のそよ風が第二のそよ風に、ニンフの周りを飛び回るよう促す。だが後者は断る。「今、より魅力的な作戦にかかりきりだ。ここの花々を濡らす朝露で自分の翼を清め、芳しい香りを含ませている」。この術策は、まもなく小径を通りかかる美しい娘メリンダに向けてのものだ。つまりこのそよ風は恋をしている。

彼女が現れるのを見た瞬間、会いに飛んでいく。彼女の周りに極上の香りを振り撒くこの翼が、彼女の燃えるような頬を冷ます。それから彼女の瞳からこぼれ落ちそうな涙に口づけをするんだ(7)。

それを聞いた第一のそよ風は友人を真似ることにする。メリンダが現れる。「行こう、僕たちの翼を広げよう。これほど真っ赤な頬、これほど魅力的な顔を涼やかにしたことはない」と彼は打ち明ける。これが恋する風の擬人化の例、また牧歌を構成するそよ風二人の対話の例である。

女性に焦がれる風はゲスナーによって幾度も言及されている。「アミュンタス」と題された牧歌において彼は、そよ風が戯れながらクロエのふくらみ始めた胸を見ようとしたので、彼女の「軽い衣は、腰と膝の優美な輪郭にまとわりつきながら、空気の意のまま、わずかに震えつつその背中でなびいていた」と書く。この世紀、嵐の場面において、沈没のさなか、強風こそが、女性の身体に衣をたなびかせるのではなく、張り付けるのである。

十九世紀にルコント・ド・リール〔フランスの詩人、一八一八―九四〕が『古代詩集』で牧歌に回帰したことはよく知られている。この詩人に関しては次章で詳しくみていくことになるので、ここではそれを指摘するにとどめておこう。重要なことは、セザール・フランク〔ベルギーの作曲家、一八二二―九〇〕に想を与えた、そよ風の軽やかな官能を讃える『アイオリスの人々』――アイオロスの純潔の娘たち――のうちに見出される。

おお、空を漂うそよ風、

気まぐれな口づけで
［…］
山々、平野をなでる
麗しき春の優しい息吹よ！
汝らの羽ばたきが囁く空気は
芳香と諧調に満たされる(8)［…］。

「非常に爽やかに飛翔する」そよ風のほうは、ルコント・ド・リールによって「大地がそれで身を飾る不滅の笑み」として描かれる。

おお、あなた方はどれだけの数の
愛おしい腕や肩に口づけしたのでしょうか、
聖なる泉のほとりで、
森を纏った丘の上で！

そして詩は古代のアイオリスの人々に向けた祈りで終わる。

この上なく素晴らしい月々のそよ風よ、もっと私たちのもとを訪れてください［…］。

おそらく、もっとも興味深い部分は一篇の詩の下書きにある。

おお、天から来るそよ風よ！
あなた方はあらゆるものに笑いかける！
なぜその気まぐれな口づけで
薔薇の香を魅了するのか。
［…］
汝らは心のそよ風、
幻影、口づけ、吐息だ！
私たちの魂が満たされているとき、
戯れながら心地よい歌となって汝らは飛び去る(9)！

エドガール・ピック〔文学研究者〕によれば、この詩から、ルコント・ド・リールのうちに、古代を幸福な場所として描く傾向がある青年期のノスタルジーをみとめることができる。穏やかなそよ風が、あるいは凱風が、女性の服を吹き飛ばしてその身体を露わにし、女性を欲望の対象かつ主体にすることは、フロベールによって別の文脈で用いられている。この、風によって起こされた動きこそ、聖アントワーヌの誘惑者たちをとりわけ欲望を抱き、かつ欲望をそそる人物にしているのである。それは彼女たちが現れたときだ。

岩の合間を抜ける風が変化をもたらす。彼女たちの不明瞭な音のうちに、彼〔アントワーヌ〕は、まるで空気が話しかけるような、**声**を聞き分ける。声は低く、魅惑し、そよそよいう(10)。

官能的な風

特例として、また風のエロティックな力から離れずに、ここで、時代はずいぶん下るが、ジャン・ジオノ〔フランスの作家、一八九五―一九七〇〕が『二番草』という小説で書いた一節を読むことにしよう。なぜならジオノは女性の身体を悩ます風の官能を丁寧に描いているからだ。場面は、風が強く、やむことなくヒースを揺らしている「高原」で展開する。今度はそよ風ではなく疾風が、完全な性的結合として、恋人ジェデミュスとともにこの場所に来た女性、アルスュールの身体に侵入する。

すぐに立ち上がり小径を歩き始めたが、風のことを考えなければならなかった。風は正面から打ちつけ、その生温かい大きな手を彼らの口に張り付けた。彼らの呼吸を妨げるように。二人は慣れている。彼らは顔を少し逸らして、泳ぐときのように脇から空気を吸った。こうしてかなり遠くに行くことができた。耐えがたいが、大丈夫だ。すると、風がその爪で彼らの目を引っ掻き始めた。次には服を剥がしにかかる。風はジェデミュスの上着をおおかた剥ぎ取った。アルスュールは革帯〔研ぎ屋の荷車〕を引いている。それで身体を前に傾けていた。風が、棲家に帰るように彼女の胴着の中に入ってくる。彼女の胸の間を通り〔農民における性行為の前段階であることが専門家によって指摘されている〕、手のように腹部に降りてくる〔強姦者との同一化が明らかである〕。風は腿の間を通る。腿じゅうを取り巻き、水浴のように彼女をすっきりとさせる［身体全体が捕らえられたことを示す］。彼女の背から腰は風で湿っている。彼女は、花々に埋もれたように、くすぐったさもありながら、たしかに涼しいが生温かくもある風が接しているのを感じる［性交の場面］。まるで一握りの干し草で鞭打たれているよう［多数の感覚］なのだ。これは干し草刈りのときに行われる。それが女を刺激する。そう！　そうなのだ、男はこのことをよく知っている。［風は女性を興奮させ身を任せるように導く男性の知識をもつ。］そして突然、彼女は男のことを考え始める。少し前から、この風もまた、男の役割を果たしているのだ［関係は明らかである(11)］。

ジェデミュスはアルスュールの方に飛んでいく。「彼は心配なようだ。アルスュール［風の愛撫によって準備ができている］は彼に、柔らかくなでるような眼差しを向ける［…］。彼女の身体は新しいワインのように熟成する」。ラ・トリニテの村にたどり着いたとき、アルスュールは疲れている。「彼女をなでる風はもうない」、ただ「大きな沈黙」があるだけだ。それでも彼女はまだ男のことを考えている。「彼女にはまだ風の指が、彼女の肉体に直に張り付いたあの大きな風の手が置かれているようだ」。

アルスュールは続く二日の間、高原の風が彼女に吹き込んだ男への欲望によって動揺したままである。そして彼女はこの「欲求」のために眠れない……。その後彼女はジェデミュスにではなくパンチュルルに身を任せ、満たされる。

おわかりのように、私が知る限り他のどの文章においても、風が高ぶる欲望の訪れにこれほど密接に結びつけられることはない。欲望は風ゆえに、沈黙においてであろうと抑えきれなくなる。繊細で穏やかなそよ風よりも、疾風を女性の狂おしい欲望に結びつけるこのページを引用する必要があったのだ。

第九章　十九世紀における風の謎

十九世紀を通して、風の想像世界に関わる参考文献は無数にある。よってこの風の散策を続けるには対象を絞り込む必要があった。風に言及する文章がもっとも精彩に富むと私に思われた、フランス語の作家三人が選ばれた。当然ヴィクトル・ユゴー、そしてルコント・ド・リールとエミール・ヴェラーレンである。

ユゴー

一人目は、よく知られているように、風と嵐に取り憑かれていた。これに関して、彼の作品では、個人的な体験と想像の作用が結合している。ユゴーにおいてそれは幼少期に結びつけられる主題ではなかった。風の存在は、彼がガーンジー島に住んだときから際立って文章に現れるようになる。人生の最後までその存在が小さくなることはない。一時パリに戻ったあと、『海に働く人びと』の大部分を書いたのはこの灯台のある島においてである。一八五六年二月十四日の夜じゅう続く嵐の中、まどろみつつヴィクトル・ユゴーは書く。

おお、我らの頭上に喇叭の音を鳴らす風、

嵐の巨大な翼一振りで
ときに我らに対し透きとおる深淵を裂き開く風よ。
我らはおまえのように過ぎゆく者、放浪者だ。
おまえと同様、陰に追いやられて進む。
逃げ場のなさゆえに我らはおまえに似る。(1)

ドーバー海峡の島に住んだヴィクトル・ユゴーが繰り返し得た風の体験を振り返る必要があるならば、劣らず重要なことは、彼が人間を風に重ねながら行った解釈である。

とはいえ、ヴィクトル・ユゴーの精神における風を定義するためにもっとも適切な概念は、風を夜に結びつけるものだと思われる。イヴォン・ル・スキャンフが指摘するように、それらを互いに関連づけずに彼の作品を分析することはできない。「海と夜を混ぜ合わせる強さ、それは『計り知れないもの』から生じるかのように現れ、攪乱の力をもつ［…］風の強さのことである」(2)。たしかにヴィクトル・ユゴーは「風は混沌の専制君主だ」と書いている。創造に対する混沌の逆襲である。暴風は「これら二つの海の一方を他方に」積み重ねることができる。大気の海が水の海に重なる。それが、「入り乱れた交換」という混沌においてなされる。風は「混沌の不安の名残は万物の中にある」ことを証明する。風のうちに表明されるのは、「省みられない者の怒り」「深淵の唸り」「耳をつんざく世界の獣声」「漠としたものの言葉にならない表現」である。ユゴーの風において、「奇妙で、尾を引く、執拗な、たえまないこの叫び」である暴風雨は「[…]悲嘆であり、空間が嘆きをこぼし、自身の正当性を証明する」。『海に働く人びと』でヴィクトル・ユゴーは細かく風を描写している。「風は走り、飛び、打ちつけ、止み、再び吹き、滑空し、びゅうびゅう鳴り、唸り、笑う。[…]風は楽しんでいる」、子どものように。「恐ろしいのは、風が遊ぶことだ。風には陰が混じった途方もない歓びがある」。しかしながらヴィクトル・ユゴーは裁かず、罵らない。というのも、イヴォン・ル・スキャンフがさらに指摘するように、「躍動する崇高〔オシアン主義(カレドニア的)の暗い崇高、すなわち山の壮大なそれに対置される崇高〕は天才的な創作者のイメージそのものである」からだ。

ユゴーにおける風のあり方にみられるもう一つの側面は、不可解さである。これはフランソワーズ・シュネ〔文学研究者〕によって検証された。風は本質的に、その反復と未知のものの「容赦ない不安定さ」ゆえに、奇妙な、執拗な、不快な、おそらく永遠に不可解な声である。風は「見えないものを触れられるようにする要素」である。しかし未知に属するあらゆるもの同様、

「常軌を逸した空気」は夢を掻き立てる[3]。

これが、ユゴーによる風の想像世界の第二の側面である。繰り返しになるが、まず、風は不可解である。風は「深淵のうわ言」をあらわしている。風は何を語るのか。誰に語るのか。話し相手はどのような人か。どの耳に向かって囁くのか[4]。

謎と一体の風はヴィクトル・ユゴーを苛立たせ、彼は風に別の振る舞いをするよう命じる。

どうしていつも同じこのヒュウヒュウなのか。どうしていつも同じこのキィキィなのか。雲の中で声を張り上げ、たえず同じことを繰り返して何になる？　おまえたちの叫びに変化をつけたまえ[5]。

フランソワーズ・シュネはその考察を、目の眩むような主張で結論づける。すなわち、ユゴーは最終的に、自身を風と同一化し、風を自分個人の神話の主な要素にしているというのだ。上空の海、当時気球乗りたちが立ち向かった空気の海洋をつねにより遠くまで行くため、風を手なずけることは、もっとも大胆な構想である。『諸世紀の伝説』の一篇「大空」が、「風の波を跳ねていく［…］素晴らしき魔法の船」で旅立ち、「無限を歩く」人間の超絶技巧を讃える[6]。

最後に、『静観詩集』の最後に置かれた同名の詩における、「闇の口」の言葉を思い出しておきたい。「万物が話す」。過ち、牢獄、格子の中でさえ、

魂は遠くから永遠のほのかな光を垣間見る。
木の中で光は震え、明かりなく、眼《まなこ》なくとも、
なお風のうちに天を感じさせるものあり(7)［…］。

ルコント・ド・リール

数多の例を挙げながら、『古代詩集』に吹くそよ風と凱風の繊細な心地よさを描いたルコント・ド・リールと風との関係には、これまでほとんど触れてこなかった。だがそれは二次的なものだ。詩人が風に関して述べた真の言葉は、不当に忘れられた『悲劇詩集』に読むことができる。ルコント・ド・リールは風の力、激しさ、執拗な猛威、記憶を、彼の他の作品ではまったくみられない才気で語っている。そして焦点になっているのはただ嵐や暴風雨だけではない。ここでは、凄まじい風は報復と罰の激しさとしての勢いに駆られた地上の風であり、ときに恐怖や

不公正、不幸をもたらすものである。
短い断章が、詩人がそれによって風を動かす力の側面一つひとつをよく示すことになる。ボードレールが描いたアホウドリが思い出される。だがボードレールの詩はルコント・ド・リールが風と闘うこの鳥を描く際の激しさを欠く。ルコント・ド・リールのほうでは、風がこの詩の主人公のようだ。

北極にある山羊座のとてつもない広さに
風ががなり、唸り、鋭い音を出し、喘ぎ、わめく、
そして猛り狂う泡で真っ白になり、大西洋を越えて飛んでいく。
風は襲いかかり、
蒼白な水を擦り、追い回し、霧にして吹き散らす。
風は雲を齧り取り、引き裂き、引きちぎり、
よじれた破片に断ち切る、そこに瞬間稲妻がほとばしる。
風は中空でけたたましい叫びと羽根が入り混じる旋回物を
捕らえ、包み、ひっくり返し、揺さぶり、泡の頂まで引きずる。

そしてマッコウクジラの巨大な額を叩きながら、
その唸り声に自分たちの凄まじい嗚咽を加える。
独り、空中の王、岸のない海の王が
荒々しい疾風の襲撃に向かって飛ぶ。
[…]
アホウドリは荒涼たる広がりの渦を切って飛ぶ、
激しい恐怖のさなか静かに、
来ては過ぎ、威風堂々消え去る。

「荒々しい疾風」の動き、猛威、残忍さをあらわす動詞の連続は、その対照として、「独り、空中の王、岸のない海の王」であり、その静かな威厳が「激しい恐怖」を斥ける、アホウドリを英雄化する働きをもつ。

では、罰としての、または/かつ、悔恨の伝達者としての風をみていこう。『悲劇詩集』のうちもっとも大部で、おそらくもっとも荘厳な詩篇は「マニュスの追跡者」と題されている。マニュスは十字軍遠征中、騎士として闘う。だがサラセン人を攻撃したのではなかった。実は、彼は聖地で、察せられるところでは十字軍を笠に着て略奪に手を染め、残虐行為を犯したのだ。詩の中でルコント・ド・リールは、マニュスが彼の隠遁地、彼が幼少期を過ごした土地へ追跡者とともに帰還したところを描いている。しかし、マニュスを保護すると思われる距離にもかかわらず、風が彼の蛮行一切を覚えている。風は報復し、破壊する。詩集中最長の、幻覚の色濃いこの詩篇は、いみじくも詩集の題名に呼応している。

そして風が、隠れ家の地下から揺れる屋根先にかけて、
螺旋状によじれる階段に吹き込み、
そのうつろで不気味な嘆きを届かせる。

鋭い叫びの混じった地鳴りのごとき唸りで
壁に開いた裂け目を満たし
外れた肘金に扉を激しく打ちつける。

風は柱にいくつもぶら下がった事物を揺さぶり、

あるいは奥の角にしゃがみこみ、
からかう悪魔のごとく棘のある笑いを発する。
マニュス公爵には、瓦礫をかき分け吹き荒び、
通りがかりに丸い目のミミズクを追い返す風の、
叫びも飛び跳ねる音も聞こえない。

ほどなくして、

外では風がなおも唸り吹き荒んでいる［…］。

いうまでもなく、これ以降マニュスを苛む悔恨は、外でたえまなく唸り吹き荒れる風によって掻き立てられ、決してやむことがない(8)。

『悲劇詩集』には風によって運ばれる別の恐怖がある。それは、風と疾風が不幸の象徴でもあり同時に首都の抵抗の象徴として現れる、「パリの讃美」にみられる恐怖である。一八七〇

年から一八七一年にかけてのパリ攻囲〔普仏戦争〕の間、風はたえず叫び、脅かし、破壊し続ける。だがここではそれが、パリの街と民衆を英雄化しており、風はいわばそれらの讃美を明らかに示している。叩きつけ、吹き荒れ、轟く風の暗さ、陰鬱さ、憤激、怨みは、突風に対する不屈のパリを偉大に見せるものにほかならない。お気づきのようにこの詩は、まだパリが抵抗中の一八七一年一月に書かれた。

丘と草原を越える猛烈な風が
嫌悪と、この上ない憤激、報復と憎悪に満ちて、
薄暗い防塁に打ちつけてくる。

砲架に横たわって警戒する、
重厚な大砲の大軍団を激しく叩き、
ときにそれらの広く開いた口に吹きつけ
喘ぎ声を充満させる。

雪のごとき瓦礫と化した屋根屋根の堆積が
巨大な、しかもすでに閉じられた墓となっている上を
風が轟くうちにもそこから、痛ましい、数えきれない、
嗚咽まじりの囁きがなお聞こえてくる［…］。

その後、パリの賛歌が詠われる。

おお、波濤にも強風にも揺るがない船よ、
おまえは、暗い空の下であろうと晴朗な空の下であろうと
嬉々として、勝利の帆を広げ、
勝ち誇って進んでいった[9]！

この詩を読んで思い出されるのは、一八七一年五月、「血の一週間」の際に風が果たした役割である。パリ天文台の記録資料によれば、その一週間に吹いていたのは西風であり、この風が、火事になった建物の炎をパリ・コミューンの支持者の上に降らせ、彼らを東側へ後退させ

た。ヴェルサイユ〔正規〕軍側の報道は欠かさずこの気象に関わる出来事を強調し、それによれば、この風は神の介入のしるしであった。

ヴェラーレン

「風」を特別に扱ったエミール・ヴェラーレンの詩にみられるのは、まったく異なる想像世界である。それはヴェラーレンが自らのものとした象徴主義の思想に基づく。ヴェラーレンは突風の激しさを熱心に描写したのではない。彼は風を、北部の風景の陰気さと物哀しさの象徴とした。『幻想の村々』と題された詩集は、人間が自らを重ねる自然の、陰鬱な印象と調和するように書かれている。[10]

詩集全体が、「何も見るべきものがない地方で」「空虚の罰を受けた」ような広がり、すなわち「自然の指標に欠けた」空間、「際限のない非物質的な牢獄」に吹く北風に触れている。ヴェルネル・ランベルシ〔ベルギーの詩人、一九四一―二〇二二〕によれば、この詩集のすべて、とりわけ「風」と題された詩は、「苦悩と不幸に仕向けられた世界」の詩である。詩人は、「人生の規範」である苦痛の本質を彼に明かす「この苦悩する世界に入り込んだ」と感じている。[11]

「偶然」においてヴェラーレンは自らを登場させる。

おお、この北部の浜辺、その西の風が、暴風雨と雲のかけらとともに私の記憶を通り過ぎるのが感じられる。[12]

彼は「岩」と題した詩を「潮に包まれ、嵐に打たれた」ブルターニュの岩に捧げる。岩は「空間と風の栄誉を讃えたある建築物を夢見させる。それらは絶対的な力、孤独の塔と銃眼である」[13]。風が深く関わる詩集『幻想の村々』においてヴェラーレンは、なお回り続け、朽ちていく「風車」を忘れていない。

深まる宵に風車はしごくゆっくりと回る、
悲哀とメランコリーの空に、
回り、回り、澱の色になったその羽根は
悲しくおぼつかなく、重く、倦み果てている。[14]

別の箇所では、「道の四つ辻に十字［…］」が立っており、「空間と破局の叫び、／風の叫びとぼろ切れが、大きな木材に絡みついている」と書く[15]。嵐が来るとき、大きな橋は「鉄で固定されるが、風に鞭打たれる」。「街」でヴェラーレンは打ち明ける。とりわけ陰鬱な風のような、「ああ、狂える我が風の魂」の救いを求めるのだ[16]。「風」と題された詩は全体が引用されるべきだが、二つの詩節にとどめておこう。

長く果てしなく続くヒースの荒野の上に
十一月を駆け回る風が来た、
ヒースの荒野に、果てしなく、
風が来た
それは引き裂かれ、千々に分かれ
重々しい吐息となって村々を打つ。
風が来た、
十一月の荒々しい風が。
［…］

水流に沿って、風がかすめていく、
白樺の枯葉を。
十一月の荒々しい風。
風が枝の中の
鳥の巣を傷つける。
鉄を削っていく。(17)

この詩集一つだけで、傷つけ、割り、引き裂き、断ち切り、穿ち、削り、擦り、抉る諸々の力——第一に風——を描く箇所を引用すれば数え切れないほどになるだろう、とクリスチアン・ベルグ〔文学研究者〕は書く。(18)自然の中の破壊的な力と一致する風は詩人に、風によって象徴化された苦痛の本質を示すのである。

第十章　二十世紀の風をめぐる小散策

ここで世紀を切り換えて、次の世紀、つまり二十世紀をのぞくことにしよう。ただ素描の形で示しておく。この風をめぐる散策を、または風を語る変奏といってもよいが、あまり唐突に打ち切ってしまわないように。前世紀のフランス文学において、題名そして両者の作品の全体あるいは部分にこの語が入っているからという理由だけにせよ、風に関するところでは二つの名前がひときわ目立つ。当然ながら、サン＝ジョン・ペルス〔フランスの詩人、一八八七—一九七五〕とクロード・シモン〔フランスの作家、一九一三—二〇〇五〕である。

サン＝ジョン・ペルス

サン＝ジョン・ペルスの若い時期の作品では、島の空間を讃える詩情を風が運び伝えている。そこではすべてが明快だ(1)。しかし、これが私たちの関心を引くのだが、ずいぶんあとに発表された作品の題名『風』の裏には何が隠されているのだろうか。この点については、注釈者にもこの問題に答えることが難しいのだから、慎重かつ謙虚であらねばならない。よって、ここで非常に基本的なことを指摘しておく必要がある。サン＝ジョン・ペルスの『風』は一九四五年、メーヌ州の小さな島で執筆され、一九四九年に、つまり遅まきながら、知られているように彼が外交官の職を経てから文学に回帰したとき、出版された。

『風』の注釈者であるポール・クローデルも指摘するように、作品の始めから風と空間の拡張の関係が認められる。サン＝ジョン・ペルスは、風によって呼び起こされる万物の基本要素の大いなる力を一覧にして作成し、「計り知れないものの貯蔵庫」である「移動性の強風」の概念や「この世界の呼吸機能」の概念を主張する。(2) この空間認識においてより特徴的なのは、西風——主にアメリカの——に依拠していることだ。そしてサン＝ジョン・ペルスは西から来るあれらの「萌芽」を待っているという。(3) クローデルによれば、彼の詩は「空間を糧としている」、すなわち空間を貪る詩である。(4) だが、「風というのは一つしかない、来るたびに持続時間や強度がさまざまで、目的がきわめて単純に変化する、西からの風だ」とクローデルは付け加える。(5)

サン＝ジョン・ペルスの詩において同様に重要なのは、人間と風と時間の関係である。風の青年期と老年期への暗示、彼が考える、時間の可逆性に対する確信、そして、かつて存在した、風の人間を再び甦らせることへの熱意は明らかである。(6)

サン＝ジョン・ペルスの『風』から引き出しうる教えは劣らず明確だと私には思われる。

風は強い！　肉体は儚い！　［…］思うに、松明を風に掲げ、風の中に炎を持ち生きよということだ！

もし一人の人間があなた方のところに現れ、その顔から生気が失われているならば、力ずくで彼の顔に風を当てることだ。(7)

さらに動きの称賛、つまり「異例な力」が宿る風の動きを讃えていることに注目しよう。この動きによって「瞬間の砂漠への退潮」から救われる。(8)また、風の教えに熱心に耳を傾けている詩人の興奮を指摘しよう。彼は風の思考に溢れた大著が存在しないことを遺憾に思っている。彼の教えの最後に、サン＝ジョン・ペルスが私たちに語るのを聞こう。「あなたの扉を新たな年に開くのだ……あなたの足元で生まれる世界に！　［…］急ぐのだ！　急ぐのだ！　これがもっとも強い風の言葉だ！」「私があなたの行いの活力を促進しましょう。あなたの作品を完成に導きましょう」と私たちに請け合う歌の師として、風を迎え入れることである。(9)

クロード・シモン

風の想像世界に割かれてきたこれまでの章の最後になって、その名を題にもつクロード・シモンの作品に触れることは、この小説に作家が得た体験が色濃く示されていることを考えれば不手際である。しかし、私の意見では、フィクション作品において「風」という対象の奥深さを示した点で、クロード・シモンの小説『風　バロック風装飾衝立復元の試み』は本章の結論に位置づけられる(10)。

この小説では、風は話の筋の対位法、あるいは「悲劇の通奏低音」をなしているといってもよい。それはラングドックとルション〔フランス南部〕に吹く北西の風、トラモンタンのことである。この地域でトラモンタンは、ガストン・バシュラールがこの風について書いているように、無意味な力や、目的も理由づけもない、意味の欠けた怒りを動かす。

他方、風はそこで、自然とりわけ植物を捻じ伏せる力を見せつける。植物は必死に風に耐えようとする。風は世界のあらゆる物質、砂にも埃にも襲いかかる。風の道筋はわかりやすい。つまり、いたるところにいる。小説の舞台となっている街はいたるところ侵入されている。風の衝撃によって事物が飛んでいく。たえず鳴り続ける風は、触覚的な存在でもある。紙煙草に火がつくのを妨げる。

風が止むとき、それはときに長期にわたるが、風の呻き声、怒りが収まるときでも、風は記憶にこびりついている。無意識的記憶になるのだ。したがって、風は時間的な境界の欠如によって特徴づけられる。ジャン＝イヴ・ロリシェス〔文学研究者〕によると、クロード・シモンの小説における風は大いなる時間の象徴である。[11] 風は「終わりもなく」また終わりの希望を抱くこともできず「身を削ることを余儀なくされた」、苦悩を抱えた魂である。この点でクロード・シモンの陰鬱な風は無限の深淵を表現している。ウジェーヌ・シュー〔フランスの作家、一八〇四―五七〕の、止むことなく風の中を歩き回ることを宣告された彷徨えるユダヤ人が現れるのは、地の果て、北極の嵐のさなかである。それは幽霊船の帆に吹きつける風、また同じように見放された者とともにある風である。

だがそれ以上のことがある。風の襲来、憤怒、喧騒、とくにその嘆息のうちに読み取られるのは、永遠の責め苦を負い、不死を強いられた風の側からの、死に到達しうる人間を羨むかのような非難であろう。

第十一章　風、演劇と映画

風の音をつくる

フィリップ・ジェイムズ・ド・ラウザーバーグ〔(またはフィリップ・ジャック・ド・ルーテルブール)フランス出身のイギリスの画家、一七四〇―一八一二〕のエイドフュジコン〔機械仕掛けのミニチュア劇場〕とジオラマの大成功以降、劇場の支配人たちは、音のある風景、とくに風音の変化に対して要求が高くなった観客を満足させなければならなくなった。ところで、多くの舞台作品では観客が風の音を聞き、さらには感じる必要があった。魔女たちの荒地に、あるいは王殺しの場面にまったく風がなければ、『マクベス』の演出はどうなるだろうか。十九世紀には、風を舞台上で表現することにかけては非常に注意を払う、厳密ともいえる演出法もあった。ヘンリック・イプセン〔ノルウェーの劇作家、一八二八―一九〇六〕の場合である。これは納得がいく。たとえば『我ら死者の目覚めるとき』と題された戯曲の最後の場面は風の音で始まり、それから俳優が叫ぶ。「激しい風の音が聞こえますか」(1)。この舞台の上演中何人もの人物が、嵐や鋭く鳴る疾風、また暴風雨の激化といった気象状況に触れる。

よって十九世紀のあらゆる劇場は、必要であれば、風の息吹を聞かせ、感じさせることを義務とした。そのために、それぞれの劇場は多かれ少なかれ洗練された機器を備えていた。ロンドンの劇場、とくにドルーリー・レーン劇場では、演出家たちは音の精彩にとりわけ神経を遣っていた。

ごく小規模な劇場の中には、自ら風音器を設けるところもあった（**口絵図5**）。この道具は、「枠組みに設置した円筒」に、「かぶさるよう亜麻布をかけ」、それを枠組みに留めたものだ。「円筒を回転させると、布に木の薄板が触れて擦れる音によって風の音が生み出された。円筒の回転数と布の張り具合を変化させることで、専門技師は風音の大きさと質を調節することができた」[2]。世紀末には亜麻布の代わりに絹布を用いることで、「煙突や回廊に吹き込む風の鳴る鋭い音を、そっくりに」模倣することが可能になる[3]。

こうした機器の多くは小さなサイズで、おおよそ持ち運びが可能であった。それらは熟練した技師によって操作されていたが、彼らは展開する場面に合わせて、円筒の回転する速度とリズムを変化させ、風の音を再現する紐や布の張り具合を変えて調整しなければならなかった。

とはいえ、十九世紀の舞台における風の重要性は、映画が風に認めることになる重要性と比べれば小さい。映画は風とその動きを迎え入れ、風が通るときの謎めきを観客に感じさせることができる。バンジャマン・トマ〔フランスの映画研究者〕が書いているように、「風は、映画の映像に入り込んだときから、映画の実体をすぐれてよく表現しているように思われる。風も映画も絶対に動いているものであり、事物をいっとき動かしに来て、それらを取り囲み、かすめ、通り過ぎていく点で共通しており、映画は風だ、と言いたくなるほどだ」。

このことを別の言い方で、再びバンジャマン・トマを引用していえば、映画は「万物の基本要素が自在に変化していく魅力的な美しさ」を目指している。したがって、映画が風を好む傾向について話すのは当然のことなのだ。[4]

映画の誕生からすぐに——この点について、一八九五年に撮られたリュミエール兄弟の『赤ちゃんの食事』の背景にゆらめく葉が指摘されている——風はそこで「映像における世界の最初の呼吸」となった。[5]映画作品に現れるとき、風は現実の瞬間、すなわち映されているフィクションと対照をなす現実性のしるしを差し込むのである。風は映画に、知っての通り、非人間的な、謎めいた真実を、そして逆説的に、人間らしい物語展開に対する無関心を植えつけるのである。エリザベート・カルドンヌ＝アルリク〔文学研究者〕によれば風は動きをもっともよく示す表象なのだが、この動きのうちにこそ現実が強く現れるのである。バンジャマン・トマによると、物語の筋が現れる以前に、風が「映画がもつ、世界を作り上げる力を説明している」(6)。

当然、風の形と機能は作品によって異なる。ときに気象災害において怪物化し、突風や最強度の風が死と狂気をもたらす。狂気は文学に現れる「悪い風」の置き換えであり、ヴィクトル・ユゴーはこれを、山を越えて吹く風によって狂気に陥った者が歌う詩『ガスティベルザ』において見事にあらわしている。

映画の風が寓意的であること、すなわち風が画面の外から来る力を象徴することがある(7)。それは北部でも、彼方でも、革命でも……ありうる。革命の場合、風は新時代の象徴になる。同様の観点で、風は土地の精として認められることがある。テレンス・マリック〔アメリカの映画監督、一九四三―〕の『シン・レッド・ライン』におけるガダルカナル島の場合だ(8)。映画の風がもちうる別の役割は、出来事を象徴するのではなく、突風が怪物化したとき、勢いの頂点をなし、「まさしく黙示録的なオーラ」を纏うことである。

残るはきわめて重要な問題だ。いかにして風を撮るのか？　それが、一九八八年に『風の物語』の監督ヨリス・イヴェンス〔オランダ出身、フランスで活動した映画監督〕が考えたことだ（**口絵図6**）。サウンドは、吹き抜け、事物を壊し、運び去る風の映像の印象をより強くする。監督は、ジャン・エプシュタインの『テンペスト』のように、風に襲われる人間の反応に意識を集中させることができる。あるいは変幻自在の運動性にこだわることもできる。これについて再びバンジャマン・トマが触れている例を挙げれば、「起伏への襲撃で埃を巻き上げる」旋風、「たてがみを踊らせる馬」、風を受けてすぼんだ目、そしてもちろん、たわむ木々や、水流のさざなみに覆われた表面への静止がある。

エプシュタインの『テンペスト』において継起する画面が見せるのは、「片手で帽子を押さえながら風に向かう男、ミストラルによって威厳が崩された二人の憲兵、引き裾が旋風のせいで舞い乱れている花嫁、風によって何度もめくられるスカートを押さえなければならない若い女性」である。(9)　そして、皆の記憶に残っているのは、ここで問題なのはゼピュロスではないが、マリリン・モンローのドレスをめくり上げる人工的な風だ。

より繊細な場面を挙げよう。葉叢に囲まれて、風の執拗な存在に直面したとき、風になでられて際立つ美とのいわば対面である。ミケランジェロ・アントニオーニ〔イタリアの映画監督、

一九一二―二〇〇七）の『太陽はひとりぼっち』におけるモニカ・ヴィッティの輝きに満ちた美がそうである。(10)

映画における風の歴史上、しばしば繰り返されるワンシーン、それは洗濯物を広げるシーンであり、そのとき風が文字通り服を纏う。この場面があるだけで、風を衣服、清潔さのしるし、家事、官能、そよ風から疾風までの変化の幅、成功や失敗の象徴と言ったものと結びつける、さまざまな感覚やかすかな記憶が観客のうちに沸き起こってくる。

結論として、風が引き起こす感情の歴史に興味がある向きに宛てて、映画からのもっとも素晴らしい贈り物が何かを述べておこう。それは映画が、多様な方法で「風の謎めいた通り道」を明らかにする、というより感じさせることにおいて、文学や音楽、造形芸術よりも優れた媒体であるということだ。

終章

今日、本書でみてきたような体験に付け加えられるような新たな風の体験はあるだろうか。地上のさまざまな地域で生じる感覚と情動を求めて旅立っていった単独探検者は数多い。よってこの問いに対する答えは肯定でしかありえない。感受性がもはやかつてと同じではないとしても。

ここで、人間と風との現在における関係を扱うもう一冊の書の構想が浮かんでくる。それは一九九三年に刊行された、ジャン＝ポール・コフマン〔フランスのジャーナリスト、作家、一九四四―〕による驚嘆すべき物語、『ケルゲレン諸島の門　荒涼島への旅』から始まるかもしれない(1)。ジョン・ミュアがまったく異なる土地で得た体験を、コフマンが一世紀後に引き継いだと考えてもよいだろう。ただしこれが、ページを繰るごとに、この南極地域全体にわたって風が主人公であることを主張する作品だという点を除いて。ジャン＝ポール・コフマンに耳を傾けよう。「ケルゲレン諸島では、この大旅行者が踏破した他のどの地域にも知られていなかった風が吹く。死んでいるように思われたこの渓谷で、なぜ風が世界創造の起源であるのかが私には判然とした」。

作者はなぜケルゲレン諸島の風が唯一無二なのかに気づいたという。ここの風は鳴らないのだ。「風を遮るものが何もない。木も、家も、電線も、囲いもない。私たちが文明化された地で聞き慣れている甲高い調子を響かせる代わりに、風は唸る。その声には正教会で歌われる連禱の力強さがある」。これに、高所から降りてくる雪崩の感覚が加わる。ジャン＝ポール・コフマンは、「突風が私たちの背中を塊が崩れるように滑り落ちていく感覚があった。大地が震え、私は恐ろしかった」と書く。

作者はまた、風と政治権力との意外な関係を粗描している。「風が諸島を支配している。公式にはフランス政府がこの地域を管轄しているが。風に対しては、人は何も支配できない。灼熱の砂漠や凍てつく広がり、高湿の気候を征服することはできる。風はできない」。伝道の書に呼応するように、「風を閉じ込めるほどの風に対する権力は誰ももちえない」と書く。「風はケルゲレン諸島に物事の絶対的な流動性を要求する。瞬間には厚みがなく、未来には前途がない」。ここを統べるのは「時間の粘着性の欠如」である。

作品全体が風の激しさの描写である。「旋風によって無力化された」水については、「水は分子となって拡散し、幾千の蛍のように飛んでいく」。風の至上権は高地になると変わる。「高地の沈黙において、風は首を締められたごとく苦しげな声を出して吹く。その息遣いは荒い。押し殺された収縮を伴って繰り返される」。山上では、「風はオルガン奏者であり、その増幅した身体が玄武岩のパイプを通って、この上なく滑らかに音階を奏でる」。「世界の送風装置の規則的な流れ」がここを支配する。ケルゲレン諸島では捕鯨基地建設の試みが失敗に終わった。「風の火」の「乾燥させる力」がすべてを干からびさせたのだ。そうして残ったのは廃墟だけだった。

ジャン＝ポール・コフマンは、ページを追うにつれ、私の調べでは他の土地についてのいかなる書物にも見つからなかった、風の形の総覧を築き上げる。ケルゲレン諸島では「風が［…］別世界から来る声で不気味に轟く(2)」。

こうして私たちの風の散策は終わる。この万物の基本要素は、つねに人類の体験の中心にあり、何千年もの間完全に未知の存在であったが、その後少しずつ、ただしその夢幻的な力や、それが世界の起源、創世の息吹と結びついている感覚、忘却の伝達者となるそのあり方が消滅することなく、また、死の予兆というその途方もない深みを通して、馴染みのあるものになってきたのである。

謝辞

手稿の完成に携わったソフィ・オグ＝グランジャンとポリーヌ・ラベ、また手稿を起こしてくれたシルヴィ・ル・ダンテックに感謝する。

訳者あとがき

本書は、Alain Corbin, *La rafale et le zéphyr. Histoire des manières d'éprouver et de rêver le vent*, Fayard, collection « Histoire », 2021. の全訳である。二〇二二年にポケットブック版が刊行されている（Fayard, collection « Pluriel »）。

コルバンは「感性の歴史家」として公の記録に残らない事象を数多く扱っており、とくに『においの歴史』（一九八二）や、『音の風景』（一九九四）、『静寂と沈黙の歴史』（二〇一六）において、形をとどめない、捉えがたい対象を論じてきた。また、近年は『木陰の歴史』（二〇一三）、『草のみずみずしさ』（二〇一八）といった、人間と自然との関わりを情緒の面からたどる研究を公にしており、本書もその一部をなす（いずれも邦訳藤原書店）。

風は目に見えず、空という神秘的な空間に現れ、長らくメカニズムが不明であったために、古くから人々の想像を掻き立ててきた。「思い描く」あるいは「夢想する」という意味をもつ動詞「rêver」が本書の副題に用いられているのはそれゆえであろう。ボレアスやゼピュロスのように、風は名前を付され、擬人化され、ときにボッティチェッリが《ヴィーナスの誕生》（本書の表紙に用いられている）で描いたような姿で具体化される。遡れば、数々の詩人や作家が書き連ねてきた風の表象は、ギリシア・ローマの神話と聖書に起源をもつ。コルバンは、実際の風をどのような方法（manières）で体験し、感じるか、技術の進歩につれてどのような新たな感じ方が生じたか、それが記録として書き残された資料にどのように現れているかを分析する。いっぽうで、ホメロスに始まる文学作品において、人がどのように風を想像したか、そうして育まれた風の想像世界をいかに継承してきたか、またどのようなものとして風を感じさせようとしてきたかを論じ、この捉えどころのないものの表象に一定の様式（manières）を見出す。また、日記や手記といった「自己を語るエクリチュール」に注目し、ミュアなどの自然に没入する観察者が培った、すこぶる鋭敏な感性を浮かび上がらせる。

本書は大きく分けて第四章までが風のメカニズム解明と風の体験の変遷、第五章以降が風の想像世界を扱う。概要は次のとおりである。

風が火土水と並ぶ万物の基本要素の一つとみなされていた時代から、空気の組成が明らかになり気象力学が発展する十九世紀までが科学史的に辿られたのち（第一章）、地方で独自に吹く局地風の存在感が示される（第二章）。十八世紀後半から十九世紀にかけてみられるエオリアンハープにまつわる言説は、風に対する感受性の高まりを映し出す。風によって奏でられるこの楽器は、そのように気象にきわめて敏感な人間（「気象学的な自我」）の象徴といえる（第三章）。第四章では、風の多様なあり方が、気球による滞空、砂漠や岬に起こる砂嵐、森林の風の観察によってもたらされた新たな体験の記述を通して示される。風は虚空をつくりだしもすれば、何もかも巻き上げるほどの猛威をふるうこともあり、あるいは、木々と触れ合いながらいくつもの音と香りを運び、人間の知覚に働きかけてくる。

風の想像世界の礎をなすのは聖書とギリシア・ローマの神話であり、それらに想を得た叙事詩なくして風の歴史を語ることはできないと著者は強調する。まず旧約聖書と新約聖書における風と神の出現が示され（第五章）、続いて聖書に基づく叙事詩と、ギリシア・ローマ神話に基づく叙事詩が分析される（第六章）。風の表象に大きな影響を与えた、十八世紀後半の叙事詩的な作品をつうじて描かれるのは、陰鬱な風と死の結びつき、冬の凄まじい疾風と創造主のつながりである（第七章）。それに対してそよ風は春と秋に近しく、その軽やかさが愛撫のように触覚、嗅覚、視覚に訴える存在であることが、牧歌を思わせる作品を通して論じられる（第八章）。

十九世紀には、風は混沌とした不可解なものとして、また報復や罰、不幸を運んでくるものとして、あるいはある土地の風景や人間の物哀しさの象徴として現れる（第九章）。二十世紀の文学作品において風は、空間あるいは時間に結びついた要素となる（第十章）。そして文学のほか、舞台芸術が巧みに風の音を再現してきたこと、運動性という点で風と格別相性のよい映画が、風をさまざまな姿で映すことが語られる（第十一章）。

本書はこうして、ときに脅威を、ときに爽快感をもたらす、目に見えない存在である風が、人の情動をいかに呼び起こし、その想像世界に入り込んできたかを、歴史と文化を織り合わせながら描き出す。

コルバンは天候が引き起こす感情のあり方に関して、十八世紀以降にみられるその深化を指摘している。「体感つまり自己存在の概念や内的感覚の形成は、気象の変化が自我に及ぼす影響に注意を向けることに寄与した」（『感情の歴史』第二巻、二〇一六、邦訳藤原書店、二〇二〇、八六頁）のであり、そうして気象の変化を記述するという行為が普及していった。雨が引き起こすさまざまな感情を分析した『雨、太陽、風――天候にたいする感性の歴史』（二〇一三、邦訳藤原書店、二〇二二）所収の論説（第一章「雨の下で」）に続き、風を対象とする本書でもアヌーシュカ・ヴァザクの表現を借りた「気象学的な自我」が言及される。なお、同論集の第三章、第六章は風に関わり、本書と呼応する内容となっている。

本書の風をめぐる散策は二十世紀で終わっているが、もし続きがあるとすれば、二十一世紀はどのように辿られるのだろうか。コルバンが気象に敏感な作家たちに触れるとき、その姿勢は文学におけるエコポエティック（écopoétique）のアプローチに近いように思われる。エコポエティックは、人間と自然・環境の関わりを主題として書かれたものを、文化・社会的な背景を踏まえつつ、それがどのように表現されているのか、書き手の感性や文体といった、その文学的な側面に注目して研究する。そこで指摘されることの一つに、人間とそれを取り囲む環境が分かち難く結びつき、相互浸透さながら境界が明確でないようなあり方や、主体が世界に開かれていることを示す表現がある。今世紀のフランス語圏の詩ではたとえば、ケベック出身の詩人エレーヌ・ドリオンが例に挙がるかもしれない。現実の自然であると同時に内面の深みでもある彼女の「森」は、「吹く風／とおぼつかない足どり／の幾何学」をなしている（『私の森』二〇一二）。

訳文について、難解な箇所は、長年コルバン作品の訳に携わっておられる慶應義塾大学教授小倉孝誠氏にご教示を賜った。本書を訳す機会をくださったこととあわせ、この場を借りて深い謝意を表したい。

「凡例」に記したように、コルバンが文学作品に言及する際には、ときとして引用文に正確さを欠くことがあり、原典と照合したうえで、その部分は訳者の判断で訂正させていただいた。

編集を担当してくださった刈屋琢さんには、人名索引の作成や訳文へのコメントでたいへんお世話になりました。心よりお礼申しあげます。

二〇二四年四月

綾部麻美

Viegnes (dir.), *Imaginaires du vent*, *op. cit.*, p. 113-125, とくに p. 121.

(12) 以下の書の，「猛烈な暴風雨」と「北極圏の嵐」に触れている序文を参照。*Juif errant* d'Eugène Sue (Paris, Robert Laffont, 1983, p. 16)〔ウージェーヌ・シュー『さまよえるユダヤ人』小林龍雄訳，角川文庫，1951 年〕.

第十一章　風，演劇と映画

(1) Robert Dean, « Ibsen, le designer sonore du théâtre au xixe siècle », dans Jean-Marc Larrue et Marie-Madeleine Mervant-Roux (dir.), *Le Son du théâtre*, Paris, CNRS Éditions, 2016, p. 165-180.

(2) *Ibid.*, p. 167.

(3) Jules Moynet, *L'Envers du théâtre. Machines et décorations*, Paris, Hachette, 1875, p. 169.

(4) Benjamin Thomas, *L'Attrait du vent*, Yellow Now, 2016, p. 13, 14, 18.

(5) Élisabeth Cardonne-Arlyck, « Passages du vent au cinéma », dans Michel Viegnes (dir.), *Imaginaires du vent*, *op. cit.*, p. 126 et suivantes.

(6) Benjamin Thomas, *L'Attrait du vent*, *op. cit.*, p. 49.

(7) Élisabeth Cardonne-Arlyck, « Passages du vent au cinéma », article cité, p. 129, 134.

(8) *Ibid.*

(9) Benjamin Thomas, *L'Attrait du vent*, *op. cit.*, p. 74-75, 34.

(10) *Ibid.*, p. 56-59.

(11) Élisabeth Cardonne-Arlyck, « Passages du vent au cinéma », article cité, p. 136.

終 章

(1) Jean-Paul Kauffmann, *L'Arche des Kerguelen. Voyage aux îles de la Désolation*, Paris, Flammarion, 1993, p. 75, 76, 90-91, 115, 118, 137-138.

(2) *Ibid.*, p. 169.

(7) Victor Hugo, *Les Contemplations*, Paris, LGF, coll. « Folio », 2002〔ヴィクトル・ユゴー『静観詩集』『ヴィクトル・ユゴー文学館　第1巻詩集』辻昶・稲垣直樹訳，潮出版社，2000年〕.

(8) Leconte de Lisle, *Poèmes tragiques*, Paris, Lemerre, 1866, p. 74-75, 117, 118 et 125.

(9) *Ibid.*, « Le sacre de Paris », p. 77 et 78.

(10) Émile Verhaeren, *Les Villages illusoires*, communauté française de Belgique, 2016.

(11) *Ibid.*, préface de Werner Lambersy, p. 5.

(12) *Ibid.*, p. 103.

(13) *Ibid.*, p. 120.

(14) *Ibid.*, p. 23.

(15) *Ibid.*, « Heures mornes », p. 45.

(16) *Ibid.*, p. 51 et 59.

(17) *Ibid.*, p. 164-166.

(18) *Ibid.*, postface de Christian Berg, p. 215.

第十章　二十世紀の風をめぐる小散策

(1) Saint-John Perse, *Œuvres complètes*, Paris, Gallimard, coll. « Bibliothèque de la Pléiade », 1972, « Vents », p. 179-251〔サン＝ジョン・ペルス『風』有田忠郎訳，書肆山田，2006年〕. Commentaire de Paul Claudel, p. 1121-1130, daté de 1949.

(2) *Ibid.*, p. 1130.

(3) *Ibid.*, p. 196.

(4) *Ibid.*, p. 1122.

(5) *Ibid.*, p. 1122.

(6) *Ibid.*, p. 213.

(7) *Ibid.*, p. 213, 227, 191 et cité par Geneviève Dubosclard, « Intempéries, intempérance : Saint-John Perse et les catastrophes pures du beau temps », dans Karine Beker, *op. cit.*, p. 341 et suivantes.

(8) *Ibid.*, p. 233.

(9) *Ibid.*, p. 247 et 248.

(10) Claude Simon, *Le Vent, tentative de restitution d'un retable baroque*, Paris, Éditions de Minuit, 1957/2013〔クロード・シモン『風』平岡篤頼訳，集英社，世界の文学23，1977年〕.

(11) Jean-Yves Laurichesse, « Le vent noir de Claude Simon », dans Michel

（15） *Ibid.*, p. 248.
（16） *Ibid.*, p. 249.
（17） *Ibid.*, p. 250.

第八章　穏やかなそよ風と快い凱風

（1） Véronique Adam, « Écho aux quatre vents – la poétique de l'air dans la poésie baroque (1580-1640) », dans Michel Viegnes (dir.), *Imaginaires du vent*, Paris, Imago, 2003, p. 203-215.
（2） *Ibid.*, p. 204.
（3） Régine Detambel, *Petit éloge de la peau*, Paris, Gallimard, coll. « Folio », 2007, p. 121, 125, 128.
（4） James Thomson, *Les Saisons*, *op. cit.*, p. 26, 29, 36, 165.
（5） *Ibid.*, p. 72, 67, 120, 121.
（6） Salomon Gessner, *Nouvelles idylles*, Zurich, 1773, Paris, Hachette-BnF.
（7） *Ibid.*, p. 81, 82, 92.
（8） Leconte de Lisle, *Poèmes antiques*, Paris, Gallimard, Poésie, « Les Éolides », 1994, p. 252, 253, 254.
（9） *Ibid.*, p. 373.
（10） Gustave Flaubert, *La Tentation de saint Antoine*, Paris, Gallimard, coll. « Folio classique », 1983, édition Claudine Gothot-Mersch, p. 63.
（11） Jean Giono, *Regain*, Paris, Librairie générale française, coll. « Folio », 1995, p. 47, 48, 49, 58〔ジャン・ジオノ『二番草』山本省訳，彩流社，2020年〕.

第九章　十九世紀における風の謎

（1） Joël Laiter, *Victor Hugo, L'Exil. L'archipel de la Manche*, Paris, Hazan, 2001, p. 116.
（2） Yvon Le Scanff, *Le Paysage romantique*..., *op. cit.*, p. 86. Citations extraites de *L'homme qui rit* de Victor Hugo et des *Travailleurs de la mer*, commentaire d'Y. Le Scanff, p. 87.
（3） Françoise Chenet, « Hugo ou l'art de déconcerter les anémomètres », dans Michel Viegnes (dir.), *Imaginaires du vent*, *op. cit.*, p. 297-309, とくに p. 298.
（4） *Ibid.*, citation de « La mer et le vent » par Françoise Chenet, p. 304.
（5） *Ibid.*, p. 305.
（6） *Ibid.*, p. 307.

Charles Nodier.
(14) *Ibid.*, p. 91.
(15) Le Tasse, *La Jérusalem délivrée, Gerusalemme liberata*, Paris, Classique Garnier, 1990, p. 991〔タッソ『エルサレム解放』A・ジュリアーニ編，鷲平京子訳，岩波文庫，2010 年〕.
(16) *Ibid.*, p. 979, 991, 745, 811.
(17) *Ibid.*, p. 811.
(18) Ronsard, *La Franciade*, dans *Œuvres complètes*, Paris, Gallimard, « Bibliothèque de la Pléiade », t. I, 1993, p. 1047, 1049-1050.
(19) Luis de Camões, *Les Lusiades ou les Portugais*, Paris, BnF. Reproduction de la traduction de J. B. J. Millié, Paris, Firmin Didot, 1825, t. I, p. 36, 43, 54, 354, 367 ; t. II, p. 199 et t. I, p. 293-294〔ルイス・デ・カモンイス『ウズ・ルジアダス――ルシタニアの人びと』小林英夫他訳，岩波書店，1978 年〕.

第七章　オシアンとトムソン――啓蒙の世紀における風の想像世界

(1) Yvon Le Scanff, *Le Paysage romantique et l'expérience du sublime*, Seyssel, Champ Vallon, 2007.
(2) *Ibid.*, p. 38.
(3) François René de Chateaubriand, *Génie du christianisme*, Paris, Gallimard, coll. « Bibliothèque de la Pléiade », 1978, p. 886〔シャトーブリアン『キリスト教精髄』田辺貞之助訳，創元社，1949-1950 年〕.
(4) Yvon Le Scanff, *Le Paysage romantique…*, *op. cit.*, p. 41, 42.
(5) *Ibid.*, p. 43.
(6) Ossian/Macpherson, *Fragments de poésie ancienne*, édition préparée par François Heurtematte, Paris, José Corti, « Collection romantique », n° 23, 1990. Fragment III, traduction attribuée à Diderot, p. 85 et 87.
(7) *Idem*. Fragment VIII, traduction de Suard, p. 113 et 115.
(8) Fragment X, traduction de Suard, p. 125, 127, 129.
(9) Fragment XII, « Ryno et Alpin », traduction de Turgot, p. 139.
(10) Fragment XIII, traduction de F. Heurtematte, p. 143 et 147.
(11) 次の翻訳を使用。James Thomson, *Les Saisons*, Lille, L. Danel, 1850, traduction en vers français de Paul Moulas.
(12) *Ibid.*, p. 208.
(13) *Ibid.*, p. 211.
(14) *Ibid.*, p. 114 の引用は p. 233，p. 115 の引用は p. 241.

(6) p. 1303.
(7) p. 1344, 1347, 1358, 1432.
(8) p. 1605, 1624.
(9) p. 1693.
(10) p. 1753.
(11) p. 1829.
(12) p. 1920.
(13) p. 1948.
(14) p. 1995, 2008-2009.
(15) p. 2056, 2077.
(16) p. 2196.
(17) p. 2270.
(18) p. 2505.

第六章　叙事詩に轟く風の力

(1) Homère, *Odyssée*, trad. de Victor Bérard, Paris, Classique du Livre de poche-Librairie générale française, 1996, chant X, p. 255〔ホメロス『オデュッセイア』松平千秋訳，岩波文庫，1994 年〕.
(2) *Ibid.*, p. 256.
(3) *Ibid.*, p. 187.
(4) *Ibid.*, p. 159.
(5) Voir Violaine Giacomotto-Charra, « Le magazine des vents : les enjeux de l'exposé météorologique dans *La Sepmaine* de Du Bartas », dans Karin Becker (dir.), *La Pluie et le beau temps dans la littérature française*, Paris, Herman, 2012, p. 147, 149 *sq*.
(6) *Ibid.*, p. 158.
(7) John Milton, *Le Paradis perdu*, Paris, Gallimard, 1995, p. 146〔ミルトン『失楽園』平井正穂訳，岩波文庫，1981 年〕.
(8) *Ibid.*, p. 151, 163.
(9) *Ibid.*, p. 285.
(10) *Ibid.*
(11) Friedrich Gottlieb Klopstock, *La Messiade* ou *Le Messie*. Nous utilisons la traduction de 1849, Paris, Hachette livre-BnF.
(12) *Ibid.*, t. I, p. 72.
(13) Jean-Baptiste Cousin de Grainville, *Le Dernier Homme*, Paris, Payot, 2010. Préface de Jules Michelet. Le texte est celui de 1811, établi par

(15) Pierre-Marc de Biasi, présentation de Gustave Flaubert, *Voyage en Égypte*, Paris, Grasset, 1991. Citations de Flaubert, p. 407, 408 et 409〔ギュスターヴ・フロベール『フロベールのエジプト』斎藤昌三訳，法政大学出版局，1998 年〕.

(16) Jules Verne, *Cinq semaines en ballon*, Paris, Maxi-livres, 2005, p. 232-233〔ベルヌ『空中旅行三十五日』塩谷太郎訳，偕成社，名作冒険全集 36，1958 年〕.

(17) Henry David Thoreau, *Cap Cod*, présentation de Pierre-Yves Pétillon, Paris, Imprimerie nationale, 2000, p. 229-230.

(18) Barbara Maria Stafford, *Voyage into Substance. Art, Science, Nature and the Illustrated Travel Account, 1760-1840*, Cambridge (Mass.)-Londres, MIT Press, 1984〔バーバラ・M・スタフォード『実体への旅 1760 年 -1840 年における美術，科学，自然と絵入り旅行記』高山宏訳，産業図書，2008 年〕.

(19) John Muir, *Célébrations de la nature*, Paris, José Corti, coll. « Domaine romantique », 2011, p. 202.

(20) *Ibid.*, p. 263.

(21) *Ibid.*, p. 93.

(22) *Ibid.*, p. 193.

(23) *Ibid.*

(24) *Ibid.*, p. 195.

(25) *Ibid.*, p. 197.

(26) *Ibid.*, p. 198.

(27) *Ibid.*

(28) *Ibid.*, p. 201-202.

(29) *Ibid.*, p. 201.

(30) *Ibid.*

第五章　聖書の風の想像世界がもつ威力

(1) すべての引用は次の聖書による。Bible de Jérusalem, traduction sous la direction de l'École biblique de Jérusalem, Paris, Éditions du Cerf, 2001. 以降引用元のページ数を記すにとどめる。

(2) p. 38.

(3) p. 624.

(4) p. 1035.

(5) p. 1079, 1084, 1122, 1153, 1180, 1215, 1228.

(3) *Ibid.*, p. 95.

(4) Louis Antoine de Bougainville, *Voyage autour du monde*, Paris, La Découverte, 2006, p. 79, 80, 113 et 114〔ブーガンヴィル『世界周航記』山本淳一訳,『17・18 世紀大旅行記叢書』岩波書店, 1990 年〕.

(5) Anouchka Vasak, « Joies du plein air », dans Guilhem Farrugia et Michel Delon (dir.), *Le Bonheur au XVIII*[e] *siècle*, Rennes, Presses universitaires de Rennes, coll. « La Licorne », 2015, とくに p. 193, « Transports aériens, ballons et hommes volants ». 軽航空機の歴史の集大成は次の文献である。Marie Thébaud-Sorger, *L'Aérostation au temps des Lumières*, Rennes, Presses universitaires de Rennes, coll. « Histoire », 2009, とくに p. 247-253 : « Au cœur des éléments » et « Sentir et mesurer ». 同著者の次の論文も参照。« La conquête de l'air, les dimensions d'une découverte », *Dix-huitième siècle*, n° 31, 1999, p. 159-177.

(6) Raphaël Troubac, « Le théâtre que des hommes voyaient pour la première fois. Les impressions physiques et morales des premiers hommes à avoir atteint de hautes altitudes en ballon (1783-1850) », maîtrise d'histoire dirigée par Alain Corbin, Université Paris-I Panthéon-Sorbonne, 1999. この修士論文は本書の企図にもっとも近い。

(7) この点について以下を参照。*Ibid.*, p. 8 *sq.*

(8) *Ibid.*, p. 35-36. 印象と感覚に関するすべてについてこの修士論文に負うところが大きい。

(9) 以上すべての点について以下を参照。Fabien Locher, *Le Savant et la tempête…*, *op. cit.*, « Au cœur de l'atmosphère. Les voyages aériens de Camille Flammarion », p. 169 *sq.*

(10) この引用および以降の引用は以下。Guy de Maupassant, *En l'air et autres chroniques d'altitude*, Paris, Les Éditions du Sonneur, 2019, préface de Sylvain Tesson, p. 37, 41, 42, 45, 49.

(11) James Thomson dans « L'été » des *Saisons*, traduction en vers français de Paul Moulas, Lille, 1853, p. 107〔ジェームズ・トムソン『四季』,『ジェームズ・トムソン詩集』林瑛二訳, 慶應義塾大学出版会, 2002 年〕.

(12) René Caillié, *Voyage à Tombouctou*, Paris, La Découverte poche, coll. « Littérature et voyages », 1996, t. II, p. 279-280.

(13) Guy Barthélemy, *Fromentin et l'écriture du désert*, Paris, L'Harmattan, coll. « Critiques littéraires », 1997, p. 27.

(14) Cité par Guy Barthélemy, *ibid.*

Aubier, 1988, p. 41〔アラン・コルバン『浜辺の誕生——海と人間の系譜学』福井和美訳，藤原書店，1992 年〕.

(10) *Ibid.*, p. 85-86.

(11) Anthony Reilhan, *Short History of Brighton Stone on its Air and on Analysis of its Waters*, et *The Torrington Diaries*..., Eyre and Spottiswoode, 1934.

(12) Bernardin de Saint-Pierre, *Études de la Nature*, Saint-Étienne, Publications de l'université de Saint-Étienne, 2007, p. 465 et 470-471.

(13) François René de Chateaubriand, *Mémoires d'outre-tombe*, t. I, livres I à XII, Paris, Garnier, 1989, p. 75, 131, 137, 145, 146 et 147.

(14) François René de Chateaubriand, *Atala, René, Le Dernier des Abencérage*, Paris, Gallimard, 1971, *René*, p. 151, 158, 159, 177〔シャトーブリアン『アタラ・ルネ』畠中敏郎訳，岩波文庫，1938 年〕.

(15) Alain Corbin, « Les émotions individuelles et le temps qu'il fait », dans Alain Corbin, Jean-Jacques Courtine, Georges Vigarello (dir.), *Histoire des émotions*, Paris, Seuil, 2017, p. 43-57, とくに p. 49〔アラン・コルバン「個人の感情と天候」，A・コルバン，J-J・クルティーヌ，G・ヴィガレロ監修『感情の歴史 II』藤原書店，2020 年〕.

(16) Maine de Biran, *Journal*, *op. cit.*, p. 48, 49, 52, 83, 85, 86.

(17) Claude Reichler, « Météores et perception de soi : un paradigme de la variation liée », dans Karin Becker (dir.), *La Pluie et le beau temps dans la littérature française*..., *op. cit.*, p. 213-236.

(18) Maurice de Guérin, *Œuvres complètes*, éditées par Marie-Catherine Huet-Brichard, Paris, Classiques Garnier, coll. « Bibliothèque du XIXe siècle », 17, 2012 : *Lettre à Raymond de Rivières*, p. 620.

(19) *Ibid.*, *Le Cahier vert*, p. 85-86.

(20) *Ibid.*, p. 79-80.

(21) *Ibid.*, p. 63-64.

第四章　風の新たな体験

(1) 以上すべてについて，Anouchka Vasak, *Météorologies. Discours sur le ciel et le climat, des Lumières au romantisme*, Paris, Honoré Champion, coll. « Les dix-huitièmes siècles », 2007, chap. I, « L'orage du 13 juillet 1788 », p. 37 *sq*, 知的背景において捉えられた大災害にきわめて詳しい。引用は以下 p. 78 et 85.

(2) *Ibid.*, p. 87.

(3) Patrick Boman, *Dictionnaire de la pluie*, Paris, Seuil, 2007, p. 361, « Vents de pluie ».
(4) Alphonse Daudet, *Lettres de mon moulin*, Paris, Le Livre de poche classique, Librairie générale française, 1994, p. 30-31 et 221-222〔ドーデー『風車小屋だより』桜田佐訳，岩波文庫，1932 年〕.

第三章　エオリアンハープ

(1) Anouchka Vasak, « Héloïse et Werther, *Sturm und Drang* : comment la tempête, en entrant dans nos cœurs, nous a donné le monde », *Ethnologie française*, no 39/4, 2009, p. 677-685.
(2) Pauline Nadrigny, « L'écho des bois : une création originale de la Nature », dans Jean Mottet (dir.), *La Forêt sonore. De l'esthétique à l'écologie*, Seyssel, Champ Vallon, 2017, p. 60. サミュエル・テイラー・コールリッジについては以下を参照。« La harpe éolienne », dans *La Ballade du vieux marin et autres poèmes*, Paris, Gallimard, 2007, p. 114-119.
(3) Maine de Biran, *Journal*, éd. par Henri Gouhier, Neuchâtel, La Baconnière, coll. « Être et Pensée », 1957, t. III, p. 33.
(4) Henry David Thoreau, *Journal (1837-1861)*, Paris, Denoël, coll. « Denoël & d'ailleurs », 2001, p. 67, 77 et 114〔ヘンリー・ソロー『ソロー日記』H・G・O・ブレーク編，山口晃訳，彩流社，2013-2018 年〕.
(5) Eugène Delacroix, *Journal, 1822-1863*, Paris, Plon, coll. « Les Mémorables », 1980, p. 751〔ウジェーヌ・ドラクロワ『ドラクロワの日記　1822-1850』中井あい訳，二見書房，1969 年〕.
(6) Madame de Sévigné, *Correspondance*, citée par Marine Ricord, « "Parler de la pluie et du beau temps" dans la Correspondance de Mme de Sévigné », dans Karin Becker (dir.), *La Pluie et le beau temps dans la littérature française. Discours scientifiques et transformations littéraires, du Moyen Âge à l'époque moderne*, Paris, Éditions Hermann, coll. « Météos », 1, 2012, p. 174, 175, 179.
(7) より一般的には以下を参照。Anouchka Vasak, « Naissance du sujet moderne dans les intempéries. Météorologie, science de l'homme et littérature au crépuscule des Lumières », dans Karin Becker (dir.), *La Pluie et le beau temps dans la littérature française…*, *op. cit.*, p. 237-255.
(8) *Ibid.*, とくに p. 251.
(9) Alain Corbin, *Le Territoire du vide. L'Occident et le désir de rivage*, Paris,

原 注

第一章　風を理解することの難しさ

(1) Horace Bénédict de Saussure, *Voyages dans les Alpes*, Genève, Georg, 2002, p. 237-238.

(2) 以前，以下の拙著において，換気の必要と方策をより詳細に扱った。*Le Miasme et la jonquille. L'odorat et l'imaginaire social*, Paris, Aubier, 1982〔『においの歴史――嗅覚と社会的想像力』山田登世子・鹿島茂訳，藤原書店，1988 年〕.

(3) Alexandre de Humboldt, *Cosmos. Essai d'une description physique du monde*, Utz, coll. « La science des autres », 2000, p. 299 et 326.

(4) 以上すべての点について，以下を参照。Fabien Locher, *Le Savant et la tempête. Étudier l'atmosphère et prévoir le temps au XIXe siècle*, Rennes, Presses universitaires de Rennes, coll. « Carnot », 2008, *passim* et Numa Broc, *Une histoire de la géographie physique en France (XIXe- XXe siècles). Les hommes, les œuvres, les idées*, Perpignan, Presses universitaires de Perpignan, « Collection Études », 2010, t. I, p. 187-202.

(5) レオン・ブローとその作品について，以下を参照。Fabien Locher, *Le Savant et la tempête…*, *op. cit.*, p. 154-159.

(6) フランシス・ビューフォートは 1806 年 1 月 13 日に，帆船艦隊に出すべき指令を添えた風力階級表を提唱していた。1838 年，海軍大臣が英国海軍にこの表の使用を義務づけた。

(7) Jean-François Minster, *La Machine océan*, Paris, Flammarion, coll. « Nouvelle bibliothèque scientifique », 1997, p. 48.

第二章　一般の風

(1) Jean-Pierre Destand, « Éole(s) en Languedoc : une ethnologie sensible », *Ethnologie française*, no 39/4, 2009, p. 598-608.

(2) Martine Tabeaud, Constance Bourboire, Nicolas Schoenenwald, « Par mots et par vent », dans Alain Corbin (dir.), *La Pluie, le soleil et le vent. Une histoire de la sensibilité au temps qu' il fait*, Paris, Aubier, « Collection historique », 2013, p. 69-88〔アラン・コルバン編『雨・太陽・風――天候にたいする感性の歴史』小倉孝誠監訳，藤原書店，2022 年〕.

マ　行

ヤ・ラ行

タ 行

ナ 行

ハ 行

人名索引

原則として実在の人名を採り，五十音順で配列した。

ア 行

カ 行

サ 行

著者紹介

アラン・コルバン（Alain Corbin）

1936年フランス・オルヌ県生。カーン大学卒業後，歴史の教授資格取得（1959年）。リモージュのリセで教えた後，トゥールのフランソワ・ラブレー大学教授として現代史を担当（1972-1986）。1987年よりパリ第1大学（パンテオン=ソルボンヌ）教授として，モーリス・アギュロンの跡を継いで19世紀史の講座を担当。現在は同大学名誉教授。

“感性の歴史家”としてフランスのみならず西欧世界の中で知られており，近年は『身体の歴史』（全3巻，2005年，邦訳2010年）『男らしさの歴史』（全3巻，2011年，邦訳2016-17年）『感情の歴史』（全3巻，2016-17年，邦訳2020-22年）の3大シリーズ企画の監修者も務め，多くの後続世代の歴史学者たちをまとめる存在としても活躍している。

著書に『娼婦』（1978年，邦訳1991年・新版2010年）『においの歴史』（1982年，邦訳1990年）『浜辺の誕生』（1988年，邦訳1992年）『音の風景』（1994年，邦訳1997年）『記録を残さなかった男の歴史』（1998年，邦訳1999年）『快楽の歴史』（2008年，邦訳2011年）『知識欲の誕生』（2011年、邦訳2014年）『処女崇拝の系譜』（2014年，邦訳2018年）『草のみずみずしさ』（2018年，邦訳2021年）『雨，太陽，風』（2013年，邦訳2022年）『木陰の歴史』（2013年，邦訳2022年）『未知なる地球』（2020年，邦訳2023年）『1930年代の只中で』（2019年，邦訳2023年）など。（邦訳はいずれも藤原書店）

訳者紹介

綾部麻美（あやべ・まみ）

1982年生。慶應義塾大学法学部准教授。専門は20世紀フランス詩。
慶應義塾大学大学院文学研究科後期博士課程単位取得満期退学。2014年パリ第10ナンテール大学博士。著書に『フランス文学史 II』（共著，慶應義塾大学通信教育部，2016年）など。主な論文に *Francis Ponge : un atelier pratique du « moviment »*（博士論文，未刊），« Francis Ponge et Eugène de Kermadec : autour du *Verre d'eau* »（*Textimage*, nº 8, hiver 2016, « Poésie et image à la croisée des supports » [revue en ligne : http://revue-textimage.com/13_poesie_image/ayabe1.html]），「文字を杖に――フランシス・ポンジュの「Joca Seria」をめぐって」（共著『戦後フランスの前衛たち』水声社, 2023年）など，訳書にコルバン『草のみずみずしさ』（共訳，藤原書店，2022年）がある。

疾風《しっぷう》とそよ風《かぜ》　風《かぜ》の感《かん》じ方《かた》と思《おも》い描《えが》き方《かた》の歴史《れきし》

2024年4月30日　初版第1刷発行©

訳　者　綾 部 麻 美
発行者　藤 原 良 雄
発行所　株式会社　藤 原 書 店

〒162-0041　東京都新宿区早稲田鶴巻町523
電　話　03（5272）0301
FAX　03（5272）0450
振　替　00160 - 4 - 17013
info@fujiwara-shoten.co.jp

印刷・製本　中央精版印刷

落丁本・乱丁本はお取替えいたします
定価はカバーに表示してあります

Printed in Japan
ISBN978-4-86578-419-0

〈売春の社会史〉の傑作

娼婦〈新版〉㊤㊦

A・コルバン
杉村和子監訳
山田登世子＝解説

アナール派初の、そして世界初の社会史と呼べる売春の歴史学。「世界最古の職業」と「性の欲望」が歴史の中で変容する様を鮮やかに描き出す大作。

A5並製 ㊤三〇四頁 ㊦三五二頁 口絵一六頁 各三二〇〇円
（一九九一年二月／二〇一〇年一一月刊）
㊤◇978-4-89434-768-7
㊦◇978-4-89434-769-4
LES FILLES DE NOCE Alain CORBIN

啓蒙の世紀から性科学の誕生まで

快楽の歴史

A・コルバン
尾河直哉訳

フロイト、フーコーの「性（セクシュアリテ）」概念に囚われずに、性科学が誕生する以前の言語空間の中で、医学・宗教・ポルノ文学の史料を丹念に読み解き、当時の性的快楽のありようと変遷を甦らせる、「感性の歴史家」アラン・コルバン初の〝性〟の歴史、完訳決定版！

A5上製 六〇八頁 口絵八頁 六八〇〇円
（二〇一一年一〇月刊）
◇978-4-89434-824-0
L'HARMONIE DES PLAISIRS Alain CORBIN

歴史家コルバンが初めて子どもに語る歴史物語

英雄はいかに作られてきたか

〔フランスの歴史から見る〕

A・コルバン
小倉孝誠監訳
梅澤礼・小池美穂訳

〝感性の歴史家〟アラン・コルバンが、フランスの古代から現代にいたる三三人の歴史的人物について、どのようにして英雄や偉人と見なされるようになり、そのイメージが時代によってどう変遷したかを論じる。

四六変上製 二五六頁 二二〇〇円
（二〇一四年三月刊）
◇978-4-89434-957-5
LES HÉROS DE L'HISTOIRE DE FRANCE EXPLIQUÉS À MON FILS Alain CORBIN

資料のない歴史を書くことができるのか？

知識欲の誕生

〔ある小さな村の講演会 1895-96〕

A・コルバン
築山和也訳

ラジオやテレビのない、フランスの小村に暮らす農民や手工業者たちは、どのようにして地理・歴史・科学の知見を得、道徳や公共心を学んでいたか。一人の教師が行なった講演記録のない講演会を口調まで克明に甦らせる画期的問題作。

四六変上製 二〇八頁 二〇〇〇円
（二〇一四年一〇月刊）
◇978-4-89434-993-3
LES CONFÉRENCES DE MORTEROLLES, HIVER 1895-1896 Alain CORBIN

コルバンが全てを語りおろす

感性の歴史家アラン・コルバン

A・コルバン
小倉和子訳

飛翔する想像力と徹底した史料批判の心をあわせもつコルバンが、「感性の歴史」を切り拓いてきたその足跡を、『娼婦』『においの歴史』から『記録を残さなかった男の歴史』までの成立秘話を交え、初めて語りおろす。

四六上製　三〇四頁　**二八〇〇円**
（二〇〇一年一一月刊）
◇978-4-89434-259-0
HISTORIEN DU SENSIBLE　Alain CORBIN

「感性の歴史家」の新領野

風景と人間

A・コルバン
小倉孝誠訳

歴史の中で変容する「風景」を発見する初の風景の歴史学。詩や絵画などの美的判断、気象・風土・地理・季節の解釈、自然保護という価値観、移動速度や旅行の流行様式の影響などの視点から「風景のなかの人間」を検証。

四六変上製　二〇〇頁　**二二〇〇円**
（二〇〇二年六月刊）
◇978-4-89434-289-7
L'HOMME DANS LE PAYSAGE　Alain CORBIN

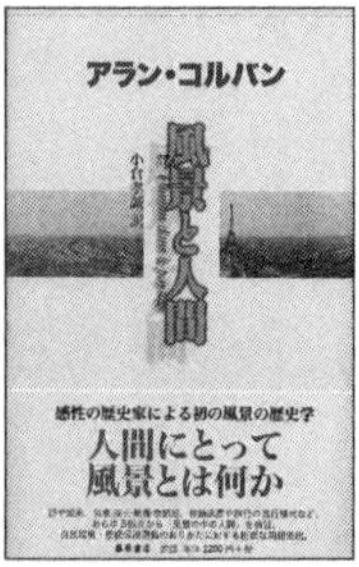

五感を対象とする稀有な歴史家の最新作

空と海

A・コルバン
小倉孝誠訳

「歴史の対象を発見することは、詩的な手法に属する」。十八世紀末から西欧で、人々の天候の感じ取り方に変化が生じ、浜辺への欲望が高まりを見せたのは偶然ではない。現代に続くこれら風景の変化は、視覚だけでなく聴覚、嗅覚、触覚など、人々の身体と欲望そのものの変化と密接に連動していた。

四六変上製　二〇八頁　**二二〇〇円**
（二〇〇七年二月刊）
◇978-4-89434-560-7
LE CIEL ET LA MER　Alain CORBIN

現代人と「時間」の関わりを論じた名著

レジャーの誕生〈新版〉㊤㊦

A・コルバン
渡辺響子訳

仕事のための力を再創造する自由時間から、「レジャー」の時間への移行過程を丹念に跡づける大作。

A5並製　㊤二七二頁　㊦三〇四頁　口絵八頁　**各二八〇〇円**
（二〇〇〇年七月／二〇一〇年一〇月刊）
㊤◇978-4-89434-766-3
㊦◇978-4-89434-767-0
L'AVÈNEMENT DES LOISIRS(1850-1960)　Alain CORBIN

〝感性の歴史家〟による「草」と「人間」の歴史

草のみずみずしさ
（感情と自然の文化史）

A・コルバン
小倉孝誠・綾部麻美訳

「草原」「草むら」「牧草地」「牧場」など、「草」という存在は、神聖性、社会的地位、ノスタルジー、快楽、官能、そして「死」に至るまで、西洋文化の諸側面に独特の陰影をもたらす表象の核となってきた。〝感性の歴史家〟の面目躍如たる、「草」をめぐる感情・欲求の歴史。

カラー口絵八頁
四六上製　二五六頁　**二七〇〇円**
（二〇二一年五月刊）
◇978-4-86578-315-5
LA FRAÎCHEUR DE L'HERBE　Alain CORBIN

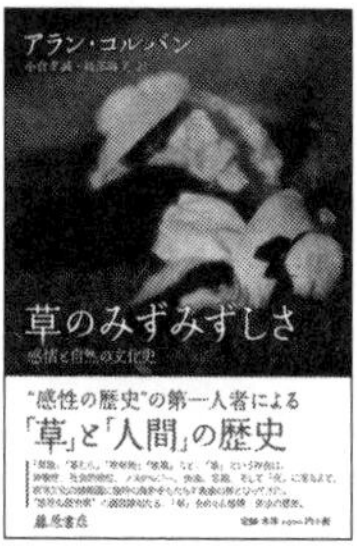

感性の歴史家の新たな金字塔

木陰の歴史
（感情の源泉としての樹木）

A・コルバン
小黒昌文訳

人間は古来、自らと全く異質な時間性を生きる「樹木」という存在に畏怖をおぼえ、圧倒され、多くの感情を掻き立てられてきた。〝感性の歴史〟の第一人者が、樹木と対話し、交感し、祈り、ときには心身を委ねてきた、古代から現代に至る人間の感情の歴史を、文学・芸術・史料を通じて描き尽くす。

カラー口絵一六頁
四六上製　四八八頁　**四五〇〇円**
（二〇二二年一一月刊）
◇978-4-86578-366-7
LA DOUCEUR DE L'OMBRE　Alain CORBIN

〝天候〟を愛し、それに振り回される私たち

雨、太陽、風
（天候にたいする感性の歴史）

A・コルバン編
小倉孝誠監訳　足立和彦・小倉孝誠・高橋愛・野田農訳

雨、陽光、風、雪、霧、雷雨、暴風雨……などの気象現象への感情や政治的・芸術的価値づけは、いつごろ出現したのか。その誕生と歴史を、〝感性の歴史学〟の第一人者のもと、文学、地理学、社会学、民族学の執筆陣が多角的に問う。

カラー口絵一六頁
四六上製　二八八頁　**二七〇〇円**
（二〇二二年八月刊）
◇978-4-86578-355-1
LA PLUIE, LE SOLEIL ET LE VENT
sous la direction de Alain CORBIN

「地球」をめぐる想像力の歴史

未知なる地球
（無知の歴史　十八―十九世紀）

A・コルバン
築山和也訳

深海、極地、高山、火山、氷河、高空、そして地下……地球上で、人間が到達できず、知ることのできない領域は、夢と恐怖と想像力の強烈な源泉となってきた。過去の人間が「知らなかったこと」を見極めることで、その感性と世界観の再現に挑む。

四六上製　二七二頁　**二七〇〇円**
（二〇二三年九月刊）
◇978-4-86578-397-1
TERRA INCOGNITA　Alain CORBIN